1ねん

実力アップ

計算 れんしゅうノート

けいさんりょく
計算力がぐんぐんのびる！

このふろくは
すべての教科書に対応した
全教科書版です。

JN098611

ねん	くみ	なまえ

「計算れんしゅうノート」はとりはずして使用できます。

1 たしざん (1)

たしざんを しましょう。　　　　　　　　　　1つ6〔90てん〕

① 3+2　　　② 4+3　　　③ 1+2

④ 5+4　　　⑤ 7+3　　　⑥ 8+1

⑦ 6+4　　　⑧ 9+1　　　⑨ 4+4

⑩ 7+2　　　⑪ 5+5　　　⑫ 6+2

⑬ 1+9　　　⑭ 3+6　　　⑮ 2+8

あかい ふうせんが 5こ、あおい ふうせんが
2こ あります。ふうせんは、あわせて なんこ
ありますか。　　　　　　　　　　　　　1つ5〔10てん〕

しき

こたえ（　　　　　）

2 たしざん (2)

じかん **20** ぷん

とくてん　　/100てん

🐻 たしざんを　しましょう。

1つ6〔90てん〕

① 3+4　　② 2+2　　③ 3+7

④ 5+3　　⑤ 8+2　　⑥ 1+8

⑦ 2+4　　⑧ 3+1　　⑨ 4+5

⑩ 1+7　　⑪ 6+3　　⑫ 5+1

⑬ 4+2　　⑭ 9+1　　⑮ 2+5

🦔 こどもが　6にん　います。4にん　きました。
みんなで　なんにんに　なりましたか。

1つ5〔10てん〕

しき

こたえ (　　　　　　)

3　たしざん⑶

🐨 たしざんを　しましょう。

1つ6〔90てん〕

① 2+3

② 1+5

③ 7+1

④ 4+1

⑤ 3+3

⑥ 6+3

⑦ 2+6

⑧ 1+6

⑨ 8+2

⑩ 1+3

⑪ 5+2

⑫ 4+6

⑬ 6+1

⑭ 2+7

⑮ 3+5

🐻 いちごの　けえきが　4こ　あります。めろんの
けえきが　5こ　あります。けえきは、ぜんぶで
なんこ　ありますか。

1つ5〔10てん〕

しき

こたえ（　　　　　　　）

4 たしざん⑷

🦁 たしざんを しましょう。　　　　　　　　　　　1つ6〔90てん〕

① 3+1　　　② 3+7　　　③ 4+4

④ 6+2　　　⑤ 1+9　　　⑥ 3+2

⑦ 2+2　　　⑧ 1+7　　　⑨ 5+1

⑩ 7+2　　　⑪ 4+2　　　⑫ 5+5

⑬ 8+1　　　⑭ 6+4　　　⑮ 5+3

🐨 とんぼが 4ひき います。6ぴき とんで くると、
ぜんぶで なんびきに なりますか。　　　　　1つ5〔10てん〕

しき

こたえ（　　　　　　）

5 ひきざん⑴

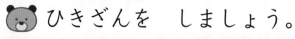

🐻 ひきざんを　しましょう。

1つ6〔90てん〕

① 5－1　② 7－3　③ 9－2

④ 10－4　⑤ 6－4　⑥ 4－3

⑦ 9－1　⑧ 8－3　⑨ 10－5

⑩ 2－1　⑪ 9－6　⑫ 8－7

⑬ 7－4　⑭ 10－9　⑮ 3－2

🦁 くるまが　6だい　とまって　います。3だい　でて
いきました。のこりは　なんだいですか。

1つ5〔10てん〕

しき

こたえ（　　　　　）

6 ひきざん (2)

 ひきざんを　しましょう。

1つ6〔90てん〕

① 3−1　　② 9−8　　③ 8−1

④ 9−5　　⑤ 7−6　　⑥ 10−2

⑦ 10−6　　⑧ 4−2　　⑨ 5−4

⑩ 6−3　　⑪ 7−1　　⑫ 8−5

⑬ 8−2　　⑭ 9−4　　⑮ 10−8

あめが　7こ　あります。4こ　たべました。
のこりは　なんこですか。

1つ5〔10てん〕

しき

こたえ (　　　　　　)

7 ひきざん (3)

🦁 ひきざんを しましょう。

1つ6〔90てん〕

① 4−1　　② 9−7　　③ 10−1

④ 7−5　　⑤ 6−2　　⑥ 8−4

⑦ 10−3　　⑧ 5−2　　⑨ 6−5

⑩ 7−2　　⑪ 6−1　　⑫ 5−3

⑬ 8−2　　⑭ 10−7　　⑮ 2−1

🐨 しろい うさぎが 9ひき、くろい うさぎが 6ぴき います。しろい うさぎは なんびき おおいですか。

1つ5〔10てん〕

しき

こたえ (　　　　　)

8 ひきざん⑷

 ひきざんを しましょう。

1つ6〔90てん〕

① 7−1　　　② 5−4　　　③ 9−6

④ 10−2　　　⑤ 8−7　　　⑥ 7−4

⑦ 10−4　　　⑧ 8−2　　　⑨ 9−8

⑩ 10−5　　　⑪ 7−5　　　⑫ 3−2

⑬ 8−5　　　⑭ 10−8　　　⑮ 9−2

🦁 わたあめが 7こ、ちょこばななが 3こ あります。
ちがいは なんこですか。

1つ5〔10てん〕

しき

こたえ (　　　　　)

9

9 おおきい　かずの　けいさん (1)

とくてん
/100てん

🐨 けいさんを　しましょう。

1つ6〔90てん〕

① 10+4　　② 10+2　　③ 10+8

④ 10+1　　⑤ 10+7　　⑥ 10+9

⑦ 10+6　　⑧ 13−3　　⑨ 15−5

⑩ 19−9　　⑪ 17−7　　⑫ 14−4

⑬ 11−1　　⑭ 18−8　　⑮ 16−6

🐻 えんぴつが　12ほん　あります。2ほん
けずりました。けずって　いない　えんぴつは、
なんぼんですか。

1つ5〔10てん〕

しき

こたえ (　　　　　)

10 おおきい　かずの　けいさん⑵

🦁 けいさんを　しましょう。　　　　　　　　1つ6〔90てん〕

① 13+2　　　② 14+3　　　③ 15+2

④ 13+6　　　⑤ 15+1　　　⑥ 11+6

⑦ 12+5　　　⑧ 18-2　　　⑨ 19-5

⑩ 17-3　　　⑪ 15-4　　　⑫ 16-3

⑬ 14-1　　　⑭ 13-2　　　⑮ 19-7

🐨 ちょこれえとが　はこに　12こ、ばらで　3こ
あります。あわせて　なんこ　ありますか。　　1つ5〔10てん〕

しき

こたえ（　　　　　　）

11 3つの かずの けいさん (1)

じかん **20** ぷん

とくてん

/100てん

🐻 けいさんを しましょう。

1つ10〔90てん〕

① 3+4+1

② 1+2+5

③ 2+3+4

④ 9+1+2

⑤ 6+4+5

⑥ 9-3-2

⑦ 7-2-1

⑧ 13-3-2

⑨ 16-6-5

🦁 あめが 12こ あります。2こ たべました。
いもうとに 2こ あげました。あめは、なんこ
のこって いますか。

1つ5〔10てん〕

しき

こたえ (　　　　　)

12 3つの かずの けいさん⑵

とくてん

/100てん

🐨 けいさんを しましょう。

1つ10〔90てん〕

① 7−2+3

② 5−1+4

③ 8−4+5

④ 10−8+4

⑤ 10−6+3

⑥ 5+3−2

⑦ 2+3−1

⑧ 5+5−3

⑨ 1+9−5

🐻 りんごが 4こ あります。6こ もらいました。
3こ たべました。りんごは、なんこ のこって
いますか。

1つ5〔10てん〕

しき

こたえ (　　　　　　　)

13 たしざん (5)

 たしざんを しましょう。

1つ6〔90てん〕

① 9+3　　② 5+6　　③ 7+4

④ 6+5　　⑤ 8+5　　⑥ 3+9

⑦ 7+7　　⑧ 9+6　　⑨ 5+8

⑩ 2+9　　⑪ 8+3　　⑫ 6+7

⑬ 8+7　　⑭ 4+8　　⑮ 9+9

おすの らいおんが 8とう、めすの らいおんが 4とう います。らいおんは みんなで なんとう いますか。

1つ5〔10てん〕

しき

こたえ (　　　　　)

14 たしざん⑹

じかん 20 ぷん

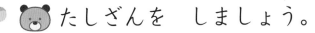

🐻 たしざんを しましょう。

1つ6〔90てん〕

① 4+8　　② 7+5　　③ 6+8

④ 4+9　　⑤ 3+8　　⑥ 9+8

⑦ 9+2　　⑧ 6+7　　⑨ 6+9

⑩ 5+7　　⑪ 9+5　　⑫ 6+6

⑬ 8+6　　⑭ 7+8　　⑮ 7+9

🦁 はとが 7わ います。あとから 6わ とんで
きました。はとは あわせて なんわに なりましたか。

しき

1つ5〔10てん〕

こたえ (　　　　)

15

15 たしざん (7)

とくてん

/100てん

🐨 たしざんを しましょう。

1つ6〔90てん〕

① 6+9　　② 5+6　　③ 3+8

④ 9+4　　⑤ 7+5　　⑥ 4+7

⑦ 8+8　　⑧ 5+9　　⑨ 7+8

⑩ 9+7　　⑪ 7+7　　⑫ 7+6

⑬ 2+9　　⑭ 6+7　　⑮ 8+9

🐻 きんぎょを 5ひき かって います。7ひき もらいました。きんぎょは、ぜんぶで なんびきに なりましたか。

1つ5〔10てん〕

しき

こたえ (　　　　　)

16 たしざん⑻

🦁 たしざんを　しましょう。

1つ6〔90てん〕

① 5+8　　② 8+7　　③ 9+9

④ 6+6　　⑤ 3+9　　⑥ 8+4

⑦ 7+9　　⑧ 4+8　　⑨ 4+9

⑩ 9+3　　⑪ 6+8　　⑫ 6+5

⑬ 8+9　　⑭ 5+7　　⑮ 9+6

🐨 みかんが　おおきい　かごに　9こ、ちいさい
かごに　5こ　あります。あわせて　なんこですか。

1つ5〔10てん〕

しき

こたえ（　　　　　　）

 たしざん(9)

🐻 たしざんを　しましょう。

1つ6〔90てん〕

① 9+5　　② 6+8　　③ 8+8

④ 5+7　　⑤ 9+2　　⑥ 4+8

⑦ 3+9　　⑧ 9+8　　⑨ 7+9

⑩ 9+4　　⑪ 8+3　　⑫ 6+9

⑬ 7+4　　⑭ 9+7　　⑮ 7+6

🦁 にわとりが　きのう　たまごを　5こ　うみました。
きょうは　8こ　うみました。あわせて　なんこ
うみましたか。

1つ5〔10てん〕

しき

こたえ (　　　　　　)

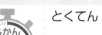

18 ひきざん (5)

じかん 20ぷん

とくてん

/100てん

🐨 ひきざんを しましょう。

1つ6〔90てん〕

① 11−4　　② 17−8　　③ 13−5

④ 16−7　　⑤ 14−6　　⑥ 11−2

⑦ 18−9　　⑧ 11−7　　⑨ 15−6

⑩ 14−5　　⑪ 13−9　　⑫ 12−6

⑬ 15−9　　⑭ 12−8　　⑮ 13−4

🐻 たまごが 12こ あります。けえきを つくるのに
7こ つかいました。たまごは、なんこ のこって
いますか。

1つ5〔10てん〕

しき

こたえ (　　　　　)

19

19 ひきざん (6)

🦁 ひきざんを　しましょう。

1つ6〔90てん〕

① 17−9　　② 12−3　　③ 14−7

④ 11−6　　⑤ 16−8　　⑥ 12−4

⑦ 15−8　　⑧ 13−8　　⑨ 13−7

⑩ 14−9　　⑪ 14−8　　⑫ 12−5

⑬ 15−7　　⑭ 11−9　　⑮ 13−6

🐨 おかしが　13こ　あります。4こ　たべると、
のこりは　なんこですか。

1つ5〔10てん〕

しき

こたえ (　　　　　)

20 ひきざん (7)

 ひきざんを しましょう。　　　　　　　　　1つ6〔90てん〕

① 17−8　　　② 14−6　　　③ 13−9

④ 12−7　　　⑤ 11−3　　　⑥ 16−9

⑦ 18−9　　　⑧ 14−5　　　⑨ 15−6

⑩ 11−5　　　⑪ 12−9　　　⑫ 13−4

⑬ 15−9　　　⑭ 11−8　　　⑮ 16−7

おやの しまうまが 14とう、こどもの
しまうまが 9とう います。おやの しまうまは
なんとう おおいですか。
　　　　　　　　　　　　　　　　　　1つ5〔10てん〕

しき

こたえ (　　　　　　　)

21 ひきざん⑻

🐨 ひきざんを しましょう。

1つ6〔90てん〕

① 13−7　　② 11−8　　③ 12−5

④ 11−2　　⑤ 15−6　　⑥ 16−7

⑦ 12−8　　⑧ 13−6　　⑨ 11−4

⑩ 12−9　　⑪ 16−8　　⑫ 14−7

⑬ 11−5　　⑭ 14−9　　⑮ 12−4

🐻 はがきが 15まい、ふうとうが 7まい あります。
はがきは ふうとうより なんまい おおいですか。

しき

1つ5〔10てん〕

こたえ （　　　　）

22 ひきざん (9)

🦁 ひきざんを　しましょう。　　　　　　　　　　1つ6〔90てん〕

① 11−7　　　② 16−9　　　③ 12−3

④ 14−5　　　⑤ 12−7　　　⑥ 11−9

⑦ 17−8　　　⑧ 15−8　　　⑨ 13−9

⑩ 12−6　　　⑪ 17−9　　　⑫ 11−6

⑬ 11−3　　　⑭ 12−4　　　⑮ 14−8

🐨 さつきさんは　えんぴつを　13ぼん　もって　います。
おとうとに　5ほん　あげると、なんぼん
のこりますか。　　　　　　　　　　　　　　1つ5〔10てん〕

しき

こたえ（　　　　　）

23 おおきい　かずの　けいさん⑶

とくてん

じかん 20 ぷん

/100てん

🐻 けいさんを　しましょう。

1つ6〔90てん〕

① 10＋50　　② 20＋30　　③ 50＋40

④ 10＋90　　⑤ 30＋60　　⑥ 40＋60

⑦ 20＋80　　⑧ 40－10　　⑨ 60－20

⑩ 90－50　　⑪ 90－30　　⑫ 70－40

⑬ 100－30　　⑭ 100－50　　⑮ 100－80

🦔 いろがみが　80まい　あります。20まい
つかいました。のこりは　なんまいですか。

1つ5〔10てん〕

しき

こたえ（　　　　　）

24 おおきい　かずの　けいさん⑷

🐨 けいさんを　しましょう。

1つ6〔90てん〕

① 30+7　　② 60+3　　③ 40+8

④ 54−4　　⑤ 83−3　　⑥ 76−6

⑦ 37−7　　⑧ 94+4　　⑨ 55+3

⑩ 43+4　　⑪ 32+5　　⑫ 98−3

⑬ 56−1　　⑭ 47−4　　⑮ 39−6

🐻 あかい　いろがみが　30まい、あおい　いろがみが
8まい　あります。いろがみは　あわせて　なんまい
ありますか。

1つ5〔10てん〕

しき

こたえ（　　　　　）

25 とけい (1)

とけいを　よみましょう。

1つ10〔100てん〕

①

②

③

④

⑤

⑥

⑦

⑧

⑨

⑩

26 とけい(2)

 とけいを よみましょう。

1つ10〔100てん〕

①

②

③

④

⑤

⑥

⑦

⑧

⑨

⑩

27 たしざんと ひきざんの ふくしゅう(1)

🐻 けいさんを しましょう。

1つ6〔90てん〕

① 8+6　　② 5+4　　③ 9+3

④ 7+5　　⑤ 4+8　　⑥ 6+6

⑦ 11−3　　⑧ 15−7　　⑨ 10−5

⑩ 9−6　　⑪ 13−8　　⑫ 14−6

⑬ 3+7−5　　⑭ 4−2+6　　⑮ 13−3−1

🦁 こどもが 7にん います。おとなが 6にん います。あわせて なんにん いますか。

1つ5〔10てん〕

しき

こたえ（

28 たしざんと ひきざんの ふくしゅう⑵

とくてん
/100てん

🐨 けいさんを しましょう。　　　　1つ6〔90てん〕

① 80+2　　② 70+9　　③ 40+3

④ 86−6　　⑤ 63−3　　⑥ 52−2

⑦ 100−30　⑧ 100−50　⑨ 100−90

⑩ 26+1　　⑪ 53+5　　⑫ 23+4

⑬ 57−3　　⑭ 68−5　　⑮ 77−4

🐻 みかんを 12こ かいました。りんごは
みかんより 3こ すくなく かいました。りんごは
なんこ かいましたか。　　　　1つ5〔10てん〕

しき

こたえ (　　　　　)

29

こたえ

1 ❶ 5　❷ 7　❸ 3
❹ 9　❺ 10　❻ 9
❼ 10　❽ 10　❾ 8
❿ 9　⓫ 10　⓬ 8
⓭ 10　⓮ 9　⓯ 10
しき 5＋2＝7　　　　　こたえ 7 こ

2 ❶ 7　❷ 4　❸ 10
❹ 8　❺ 10　❻ 9
❼ 6　❽ 4　❾ 9
❿ 8　⓫ 9　⓬ 6
⓭ 6　⓮ 10　⓯ 7
しき 6＋4＝10　　　　こたえ 10 にん

3 ❶ 5　❷ 6　❸ 8
❹ 5　❺ 6　❻ 9
❼ 8　❽ 7　❾ 10
❿ 4　⓫ 7　⓬ 10
⓭ 7　⓮ 9　⓯ 8
しき 4＋5＝9　　　　　こたえ 9 こ

4 ❶ 4　❷ 10　❸ 8
❹ 8　❺ 10　❻ 5
❼ 4　❽ 8　❾ 6
❿ 9　⓫ 6　⓬ 10
⓭ 9　⓮ 10　⓯ 8
しき 4＋6＝10　　　　こたえ 10 ぴき

5 ❶ 4　❷ 4　❸ 7
❹ 6　❺ 2　❻ 1
❼ 8　❽ 5　❾ 5
❿ 1　⓫ 3　⓬ 1
⓭ 3　⓮ 1　⓯ 1
しき 6－3＝3　　　　　こたえ 3 だい

6 ❶ 2　❷ 1　❸ 7
❹ 4　❺ 1　❻ 8
❼ 4　❽ 2　❾ 1
❿ 3　⓫ 6　⓬ 3
⓭ 6　⓮ 5　⓯ 2
しき 7－4＝3　　　　　こたえ 3 こ

7 ❶ 3　❷ 2　❸ 9
❹ 2　❺ 4　❻ 4
❼ 7　❽ 3　❾ 1
❿ 5　⓫ 5　⓬ 2
⓭ 6　⓮ 3　⓯ 1
しき 9－6＝3　　　　　こたえ 3 びき

8 ❶ 6　❷ 1　❸ 3
❹ 8　❺ 1　❻ 3
❼ 6　❽ 6　❾ 1
❿ 5　⓫ 2　⓬ 1
⓭ 3　⓮ 2　⓯ 7
しき 7－3＝4　　　　　こたえ 4 こ

9 ❶ 14　❷ 12　❸ 18
❹ 11　❺ 17　❻ 19
❼ 16　❽ 10　❾ 10
❿ 10　⓫ 10　⓬ 10
⓭ 10　⓮ 10　⓯ 10
しき 12－2＝10　　　　こたえ 10 ぽん

10 ❶ 15　❷ 17　❸ 17
❹ 19　❺ 16　❻ 17
❼ 17　❽ 16　❾ 14
❿ 14　⓫ 11　⓬ 13
⓭ 13　⓮ 11　⓯ 12
しき 12＋3＝15　　　　こたえ 15 こ

11 ① 8 ② 8
③ 9 ④ 12
⑤ 15 ⑥ 4
⑦ 4 ⑧ 8
⑨ 5
しき 12−2−2＝8　　　　　　こたえ 8 こ

12 ① 8 ② 8
③ 9 ④ 6
⑤ 7 ⑥ 6
⑦ 4 ⑧ 7
⑨ 5
しき 4＋6−3＝7　　　　　　こたえ 7 こ

13 ① 12 ② 11 ③ 11
④ 11 ⑤ 13 ⑥ 12
⑦ 14 ⑧ 15 ⑨ 13
⑩ 11 ⑪ 11 ⑫ 13
⑬ 15 ⑭ 12 ⑮ 18
しき 8＋4＝12　　　　　　こたえ 12 とう

14 ① 12 ② 12 ③ 14
④ 13 ⑤ 11 ⑥ 17
⑦ 11 ⑧ 13 ⑨ 15
⑩ 12 ⑪ 14 ⑫ 12
⑬ 14 ⑭ 15 ⑮ 16
しき 7＋6＝13　　　　　　こたえ 13 わ

15 ① 15 ② 11 ③ 11
④ 13 ⑤ 12 ⑥ 11
⑦ 16 ⑧ 14 ⑨ 15
⑩ 16 ⑪ 14 ⑫ 13
⑬ 11 ⑭ 13 ⑮ 17
しき 5＋7＝12　　　　　　こたえ 12 ひき

16 ① 13 ② 15 ③ 18
④ 12 ⑤ 12 ⑥ 12
⑦ 16 ⑧ 12 ⑨ 13
⑩ 12 ⑪ 14 ⑫ 11
⑬ 17 ⑭ 12 ⑮ 15
しき 9＋5＝14　　　　　　こたえ 14 こ

17 ① 14 ② 14 ③ 16
④ 12 ⑤ 11 ⑥ 12
⑦ 12 ⑧ 17 ⑨ 16
⑩ 13 ⑪ 11 ⑫ 15
⑬ 11 ⑭ 16 ⑮ 13
しき 5＋8＝13　　　　　　こたえ 13 こ

18 ① 7 ② 9 ③ 8
④ 9 ⑤ 8 ⑥ 9
⑦ 9 ⑧ 4 ⑨ 9
⑩ 9 ⑪ 4 ⑫ 6
⑬ 6 ⑭ 4 ⑮ 9
しき 12−7＝5　　　　　　こたえ 5 こ

19 ① 8 ② 9 ③ 7
④ 5 ⑤ 8 ⑥ 8
⑦ 7 ⑧ 5 ⑨ 6
⑩ 5 ⑪ 6 ⑫ 7
⑬ 8 ⑭ 2 ⑮ 7
しき 13−4＝9　　　　　　こたえ 9 こ

20 ① 9 ② 8 ③ 4
④ 5 ⑤ 8 ⑥ 7
⑦ 9 ⑧ 9 ⑨ 9
⑩ 6 ⑪ 3 ⑫ 9
⑬ 6 ⑭ 3 ⑮ 9
しき 14−9＝5　　　　　　こたえ 5 とう

21 ❶6 ❷3 ❸7
❹9 ❺9 ❻9
❼4 ❽7 ❾7
❿3 ⓫8 ⓬7
⓭6 ⓮5 ⓯8
しき 15−7＝8　　　　　　こたえ 8まい

22 ❶4 ❷7 ❸9
❹9 ❺5 ❻2
❼9 ❽7 ❾4
❿6 ⓫8 ⓬5
⓭8 ⓮8 ⓯6
しき 13−5＝8　　　　　　こたえ 8ほん

23 ❶60 ❷50 ❸90
❹100 ❺90 ❻100
❼100 ❽30 ❾40
❿40 ⓫60 ⓬30
⓭70 ⓮50 ⓯20
しき 80−20＝60　　　　こたえ 60まい

24 ❶37 ❷63 ❸48
❹50 ❺80 ❻70
❼30 ❽98 ❾58
❿47 ⓫37 ⓬95
⓭55 ⓮43 ⓯33
しき 30＋8＝38　　　　こたえ 38まい

25 ❶3じ ❷4じ
❸2じはん（2じ30ぷん）　❹1じ
❺11じはん（11じ30ぷん）❻10じ
❼6じ ❽9じはん（9じ30ぷん）
❾8じ ❿5じはん（5じ30ぷん）

26 ❶6じ10ぷん ❷4じ45ふん
❸1じ12ふん ❹8じ55ふん
❺10じ20ぷん ❻2じ35ふん
❼11じ32ふん ❽7じ50ぷん
❾3じ3ぷん ❿9じ24ふん

27 ❶14 ❷9 ❸12
❹12 ❺12 ❻12
❼8 ❽8 ❾5
❿3 ⓫5 ⓬8
⓭5 ⓮8 ⓯9
しき 7＋6＝13　　　　こたえ 13にん

28 ❶82 ❷79 ❸43
❹80 ❺60 ❻50
❼70 ❽50 ❾10
❿27 ⓫58 ⓬27
⓭54 ⓮63 ⓯73
しき 12−3＝9　　　　こたえ 9こ

「小学教科書ワーク・
数と計算」で、
さらに　れんしゅうしよう！

わくわくシール

★1日の学習がおわったら、チャレンジシールをはろう。
★実力はんていテストがおわったら、まんてんシールをはろう。

まんてんシール

チャレンジシール

ひきざん

こたえが 0から 10の かずに なる ひきざん

こたえ												こたえ
10	10-0	11-1	12-2	13-3	14-4	15-5	16-6	17-7	18-8	19-9	9-0	9
9	10-1	11-2	12-3	13-4	14-5	15-6	16-7	17-8	18-9		8-0 9-1	8
8	10-2	11-3	12-4	13-5	14-6	15-7	16-8	17-9			7-0 8-1 9-2	7
7	10-3	11-4	12-5	13-6	14-7	15-8	16-9				6-0 7-1 8-2 9-3	6
6	10-4	11-5	12-6	13-7	14-8	15-9					5-0 6-1 7-2 8-3 9-4	5
5	10-5	11-6	12-7	13-8	14-9						4-0 5-1 6-2 7-3 8-4 9-5	4
4	10-6	11-7	12-8	13-9							3-0 4-1 5-2 6-3 7-4 8-5 9-6	3
3	10-7	11-8	12-9								2-0 3-1 4-2 5-3 6-4 7-5 8-6 9-7	2
2	10-8	11-9									1-0 2-1 3-2 4-3 5-4 6-5 7-6 8-7 9-8	1
1	10-9										0-0 1-1 2-2 3-3 4-4 5-5 6-6 7-7 8-8 9-9	0

たしざん

教科書ワーク

こたえが 1から 20の かずに なる たしざん

こたえ											こたえ
1	1+0	1+10	2+9	3+8	4+7	5+6	6+5	7+4	8+3	9+2	10+1	11
2	1+1	2+0	2+10	3+9	4+8	5+7	6+6	7+5	8+4	9+3	10+2	12
3	1+2	2+1	3+0	3+10	4+9	5+8	6+7	7+6	8+5	9+4	10+3	13
4	1+3	2+2	3+1	4+0	4+10	5+9	6+8	7+7	8+6	9+5	10+4	14
5	1+4	2+3	3+2	4+1	5+0	5+10	6+9	7+8	8+7	9+6	10+5	15
6	1+5	2+4	3+3	4+2	5+1	6+0	6+10	7+9	8+8	9+7	10+6	16
7	1+6	2+5	3+4	4+3	5+2	6+1	7+0	7+10	8+9	9+8	10+7	17
8	1+7	2+6	3+5	4+4	5+3	6+2	7+1	8+0	8+10	9+9	10+8	18
9	1+8	2+7	3+6	4+5	5+4	6+3	7+2	8+1	9+0	9+10	10+9	19
10	1+9	2+8	3+7	4+6	5+5	6+4	7+3	8+2	9+1	10+0	10+10	20

教科書ワーク
もくじ

大日本図書版
さんすう1ねん

▶動画 コードを読みとって、下の番号の動画を見てみよう。

＊がついている動画は、一部他の単元の内容を含みます。

なかよし

きほんのワーク

べんきょうした 日　月　日

もくひょう
なかまで わけたり、
どちらが おおいかを
くらべたり しよう。

おわったら
シールを
はろう

きょうかしょ　①4〜9ページ　こたえ　1ページ

きほん1 おなじ なかまを みつける ことが できますか。

⭐ のはらに なかまが あつまりました。

① おなじ なかまを ◯で かこみましょう。

②  の かずだけ ◯に いろを ぬりましょう。

③ の かずだけ ◯に いろを ぬりましょう。

① どちらが おおいかな。おおい ほうに ◯を つけましょう。

📖きょうかしょ 4〜9ページ

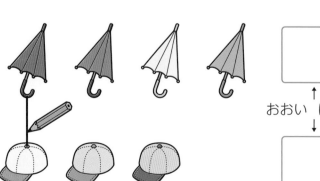

おおい ほうに ◯を つけよう。

せんで むすんで
いって、あまった
ほうが おおいね。

おうちのかたへ これから算数の学習が始まります。
絵の数だけ色をぬったり、線で結んだりして数の大きさを比べましょう。

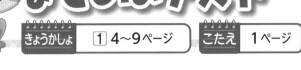

まとめのテスト

きょうかしょ　1 4〜9ページ　こたえ　1ページ

じかん **20** ぷん

とくてん　/100てん

おわったら シールを はろう

1 かずだけ ◯に いろを ぬりましょう。

1つ10〔20てん〕

 の かず ➡ ◯ ◯ ◯ ◯ ◯

 の かず ➡ ◯ ◯ ◯ ◯ ◯

2 よくでる おおい ほうに ◯を かきましょう。

1つ20〔80てん〕

❶

❷

❸

❹

 □ おなじ なかまを みつける ことが できたかな？
□ おおい ほうが わかったかな？

3

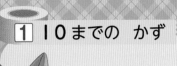

10までの かず ［その1］

もくひょう
10までの かずの かぞえかた、よみかた、かきかたを しろう。

おわったら シールを はろう

きほんのワーク

きょうしょ 1 10〜23ページ ｜ こたえ 1ページ

きほん 1 1から 5までの かずが わかりますか。

⭐ かずだけ ○に いろを ぬり、⊞に すうじを かきましょう。

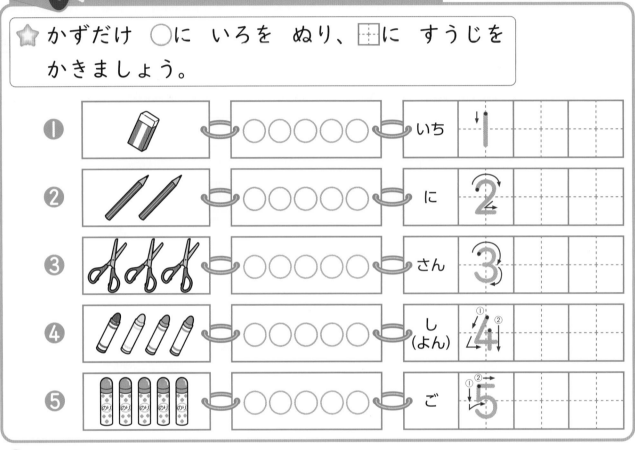

1 おなじ かずを せんで むすびましょう。　📖 きょうしょ 10〜15ページ

🎓 **さんすうはかせ** ものを かぞえる ときは しるしを つけて おこう。そうすると、おなじ ものを なんかいも かぞえたり、かぞえわすれたり する ことが なくなるよ。

☆ かずだけ ◯に いろを ぬり、□に すうじを かきましょう。

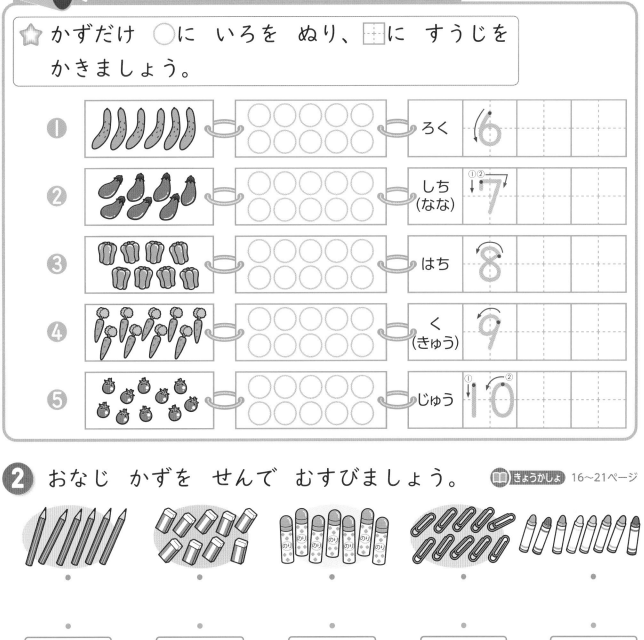

① ろく
② しち（なな）
③ はち
④ く（きゅう）
⑤ じゅう

2 おなじ かずを せんで むすびましょう。 📖 きょうかしょ 16〜21ページ

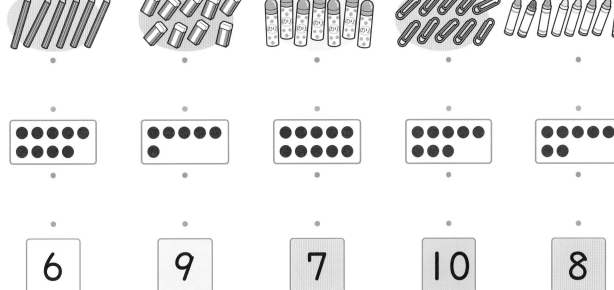

6   9   7   10   8

3 かずを すうじで かきましょう。 📖 きょうかしょ 22〜23ページ

① りんご
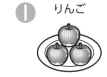
こ

② えんぴつ

ほん

③ さかな

ひき

おうちのかたへ 10までの数の教え方、読み方、書き方を練習します。また数字と物の数を対応させる練習も行います。声に出して数を数えたり、数字を書く練習を見守ってあげてください。

10までの かず [その2]

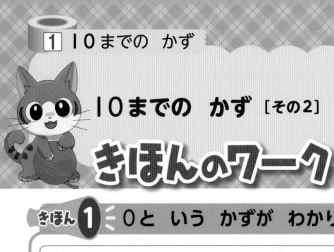

もくひょう
0と いう かずと、
10までの かずの
ならびかたを しろう。

おわったら
シールを
はろう

きほんのワーク

きほん 1 0と いう かずが わかりますか。

⭐ はいった わの かずを かきましょう。

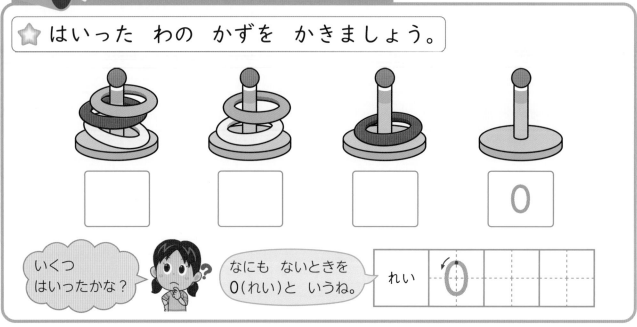

| | | | 0 |

いくつ はいったかな？

なにも ないときを 0(れい)と いうね。

| れい | 0 | | | |

1 すずめの かずを かきましょう。　きょうかしょ 24ページ

① ② ③ ④

いなく なった。

2 りんごの かずを かきましょう。　きょうかしょ 24ページ

① ② ③ ④

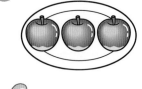 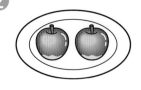 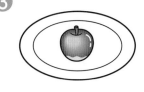 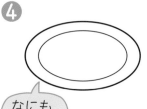

なにも ないよ。

 10までの かずの ならびかたを おぼえよう。ちいさいじゅんに いえたら、こんどは 10、9、8、7、…、1と おおきいほうから いってみよう。

⭐ かずを かきましょう。

| | | | | | | | | | 10 |

3 おおきい ほうに ○を かきましょう。　📖 きょうかしょ 25ページ

❶ ( ) 8 9 ( )　　❷ ( ) 7 10 ( )

4 かずを かきましょう。　📖 きょうかしょ 26〜27ページ

❶ 2 — 3 — □ — 5 — □ — 7

❷ 1 — □ — □ — 4 — □ — 6

5 かずを かきましょう。　📖 きょうかしょ 26〜27ページ

❶ 0 — □ — □ — 3 — □ — 5

❷ □ — 8 — □ — 10

へって いるのも あるね。

❸ 5 — 4 — □

おうちのかたへ　0という数や、10までの数の並び方を学習します。1年生にとって、何もない数＝0は、理解しにくいようです。具体的な物を使って確認しましょう。

れんしゅうのワーク

できた かず
/16もん 中

おわったら
シールを
はろう

きょうかしょ 1 10〜27ページ　こたえ 2ページ

1 10までの かず　おなじ かずを せんで むすびましょう。

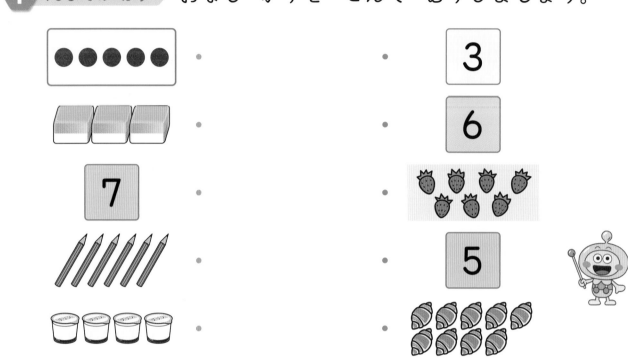

2 かずの ならびかた　あてはまる かずを かきましょう。

❶ | 1 | 2 | | | | 6 |

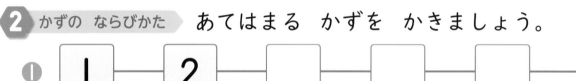

❷ | 10 | 9 | | | 6 | |

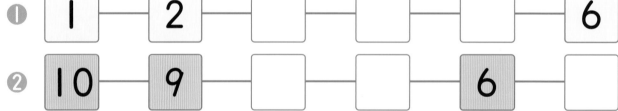

3 0と いう かず　かびんの はなの かずを かきましょう。

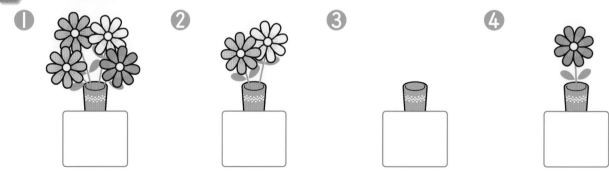

❶　❷　❸　❹

できる ナビ　10までの かずが ただしく いえるかな？ 10、9、8、7…のように おおきな
かずからも いえる ように なると、2 2が ときやすく なるよ。

まとめのテスト

じかん 20ぷん

とくてん /100てん

おわったら シールを はろう

1 かずを すうじで かきましょう。

1つ10[30てん]

くま [　]　　　うさぎ [　]　　　ねこ [　]

2 おおきい ほうに ○を かきましょう。

1つ10[20てん]

❶ 　　　[　] [　]

❷ 10　6　　　[　] [　]

3 かずを かきましょう。

1つ10[20てん]

5 — 6 — [　] — 8 — [　] — 10

4 かえるの かずを かきましょう。

1つ10[30てん]

[　]　　　[　]　　　[　]

 □10までの かずを かぞえる ことが できたかな？
□0と いう かずが わかったかな？

9

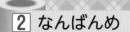

なんばんめ

きほんのワーク

もくひょう
まえから 4にんめと
まえから 4にんの
ちがいを しろう。

おわったら
シールを
はろう

きょうかしょ ① 28〜32ページ　こたえ 2ページ

きほん ① 4にんめと 4にんの ちがいが わかりますか。

☆ ◯で かこみましょう。

① まえから 4にんめ

② まえから 4にん

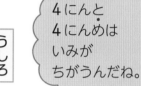
4にんと
4にんめは
いみが
ちがうんだね。

③ うしろから 5にんめ

1 いろを ぬりましょう。

きょうかしょ 28〜31ページ

① まえから 3だいめ

② まえから 3だい

③ うしろから 4だいめ

④ うしろから 4だい

10

さんすうはかせ まえから なんばんめと いう ときの まえは、かおが むいている ほうだよ。
かけっこで はしって いく ほうが まえだ。その はんたいが うしろに なるよ。

⭐ えを みて こたえましょう。

うえ

ロールパン
① は、うえから 　　　　 ばんめです。

したから 　　　　 ばんめです。

ケーキ
② は、うえから 　　　　 ばんめです。

したから 　　　　 ばんめです。

りんご
③ は、うえから 　　　　 ばんめです。

したから 　　　　 ばんめです。

した

2 えを みて こたえましょう。

📖 きょうかしょ 30ページ

ひだり
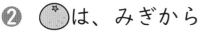 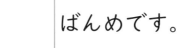 みぎ

メロン
① は、みぎから 　　　　 ばんめです。

ひだりから 　　　　 ばんめです。

みかん
② は、みぎから 　　　　 ばんめです。

ひだりから 　　　　 ばんめです。

バナナ
③ みぎから 　　　　 ばんめは です。

みぎと ひだりを
ただしく
つかえるように
なろう。

おうちのかたへ　集合の要素の個数を表す**集合数**と、順番を表す**順序数**の違いを取り上げます。「前から4人」と「前から4人目」の違いを理解しましょう。

11

れんしゅうのワーク

きょうかしょ 1 28〜32ページ　こたえ 3ページ

できた かず　／8もん 中

おわったら
シールを
はろう

1 ○で かこもう　こたえを ○で かこみましょう。

❶ うえから 2ひきめの　ちょう

❷ したから 2ひきの

❸ みぎから 5つめの　はな

❹ ひだりから 4つの

2 まえと うしろ・みぎと ひだり　えを みて こたえましょう。

❶ のり は ひだりから

□ ばんめ。

❷ は まえから

□ ばんめ。

❸ はさみ は みぎから

□ ばんめ、 うしろから □ ばんめ。

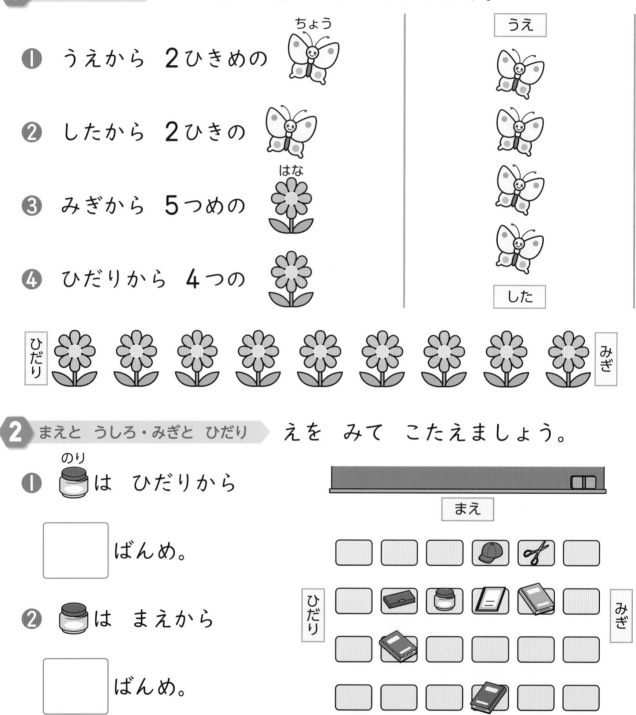

できる ナビ　うえから 3びきと うえから 3びきめは いみが ちがうよ。ちゅうい しようね。

まとめのテスト

じかん **20** ぷん

とくてん　　/100てん

おわったら シールを はろう

1 よくでる なんにんめですか。

1つ15〔30てん〕

 まえ       うしろ

りく　　れな　　けんと　　まみ　　そうた　　みづき

① けんとさんは まえから □ にんめです。

② れなさんは うしろから □ にんめです。

2 みぎから **3**こめに いろを ぬりましょう。

〔15てん〕

 ひだり   みぎ

3 ひだりから **4**こに いろを ぬりましょう。

〔15てん〕

 ひだり   みぎ

4 なんばんめですか。

1つ20〔40てん〕

うえ

  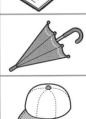

した

① ぼうし は うえから □ ばんめです。

② かさ は したから □ ばんめです。

 チェック ✓

□ まえから なんにんめ、まえから なんにんの ちがいが わかったかな？
□ まえと うしろのように はんたいの いいかたが わかったかな？

13

いくつと いくつ [その1]

きほんのワーク

きほん 1 5は いくつと いくつに わけられますか。

☆ 5は いくつと いくつですか。
　□に あてはまる かずを かきましょう。

① 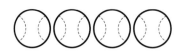 $\boxed{1}$ と $\square$
② $\boxed{2}$ と $\square$
③ $\boxed{3}$ と $\square$
④ $\boxed{4}$ と $\square$

1 うえの カードと したの カードで 6に なるように
せんで むすびましょう。

📖 きょうかしょ 35ページ

2 □に あてはまる かずを かきましょう。

📖 きょうかしょ 34〜35ページ

①
5
3　□

②
6
4　□

③
6
□　3

さんすうはかせ 「5は 2と いくつかな?」のように ふたりで かずあてゲームを して みよう。
いろいろな かずで やって みてね。

☆ 7は いくつと いくつですか。▦に あてはまる かずを
かきましょう。

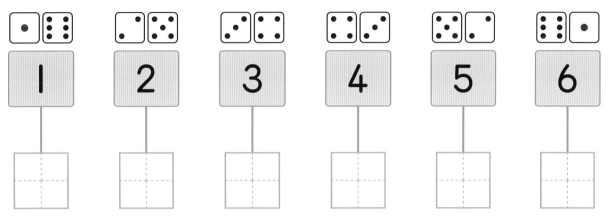

3 8は いくつと いくつですか。▦に あてはまる かずを
かきましょう。

📖 きょうかしょ 37ページ

① 1 と ▦

② 2 と ▦

③ 3 と ▦

④ 4 と ▦

⑤ 5 と ▦

⑥ 6 と ▦

⑦ 7 と ▦

4 9に なるように せんで むすびましょう。

📖 きょうかしょ 38ページ

1　3　6　7　8　2　5　4

6　8　2　3　1　4　5　7

おうちのかたへ　6という数を1と5を合わせた数と見るような場合を合成（ごうせい）、逆に6を1と5に分けて見るような場合を分解（ぶんかい）といいます。加法・減法の計算のもとになる大切な考え方です。

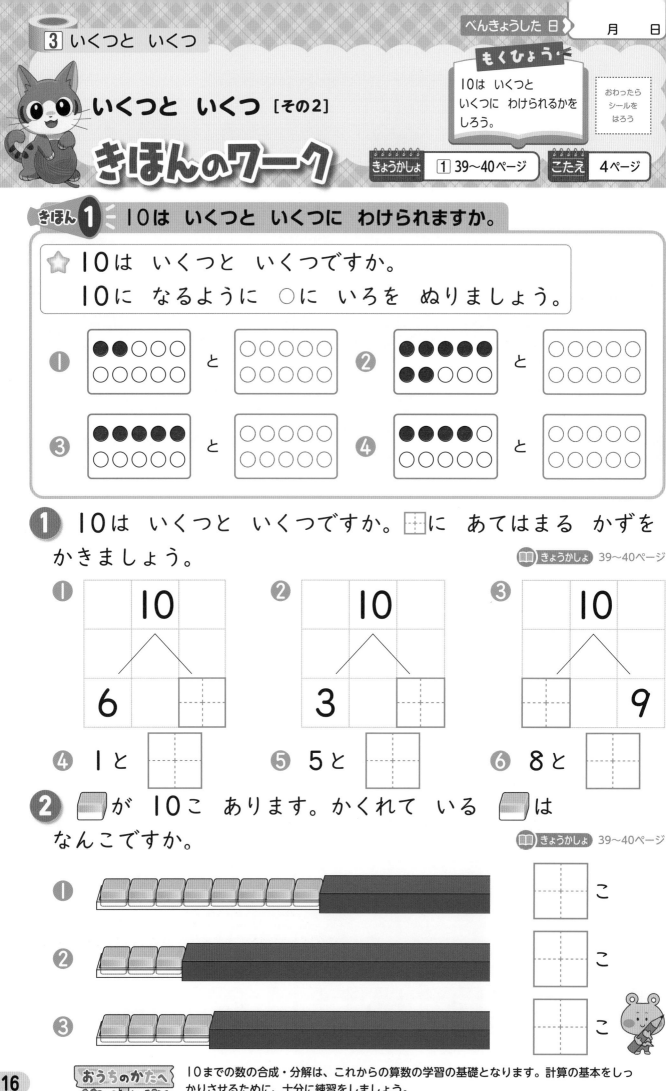

いくつと いくつ [その2]

きほんのワーク

きほん 1 ： 10は いくつと いくつに わけられますか。

⭐ 10は いくつと いくつですか。
10に なるように ○に いろを ぬりましょう。

① ●● ○○○ ○○○○○ と ○○○○○ ○○○○○

② ●●●●● ●●○○○ と ○○○○○ ○○○○○

③ ●●●●● ○○○○○ と ○○○○○ ○○○○○

④ ●●●● ○○○○○○ と ○○○○○ ○○○○○

1 10は いくつと いくつですか。☐に あてはまる かずを かきましょう。

きょうかしょ 39〜40ページ

① 10
6 ☐

② 10
3 ☐

③ 10
☐ 9

④ 1と ☐　⑤ 5と ☐　⑥ 8と ☐

2 ▭ が 10こ あります。かくれて いる ▭ は なんこですか。

きょうかしょ 39〜40ページ

① ☐ こ

② ☐ こ

③ ☐ こ

おうちのかたへ 10までの数の合成・分解は、これからの算数の学習の基礎となります。計算の基本をしっかりさせるために、十分に練習をしましょう。

まとめのテスト

じかん **20** ぷん

とくてん

/100てん

おわったら
シールを
はろう

1 よくでる いくつと いくつですか。□に あてはまる かずを
かきましょう。

1つ10〔40てん〕

❶ 7は 2と □
○○○○○○○

○に
いろを
ぬって
かんが
えよう。

❷ 8は 3と □
○○○○○○○○

❸ 6は 4と □
○○○○○○

❹ 9は 5と □
○○○○○○○○○

2 ── で むすんで 10に しましょう。

1つ6〔30てん〕

4	5	9	2	7

5	6	8	3	1

3 🚃 が 10りょう あります。トンネルに はいって
いるのは なんりょうですか。

1つ10〔30てん〕

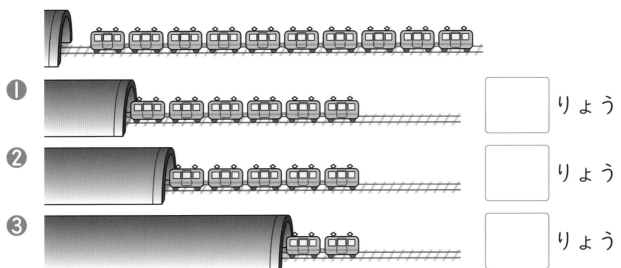

❶ □ りょう

❷ □ りょう

❸ □ りょう

チェック ✓
□ かずを いくつと いくつに わける ことが できたかな?
□ 10を つくる ことが できたかな?

あわせて いくつ
ふえると いくつ [その1]

きほんのワーク

もくひょう
あわせて いくつに
なるかを
かんがえよう。

おわったら
シールを
はろう

きょうかしょ ②3〜6ページ　こたえ 4ページ

きほん 1　あわせて いくつに なるか わかりますか。

☆ あわせて いくつに なりますか。

❶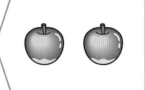

あわせて
☐ こ

あわせて いくつに
なるか、かずを
かぞえれば いいね。

❷

あわせて
☐ ひき

1　あわせて いくつに なりますか。

📖 きょうかしょ 3ページ ❶

❶

あわせて ☐ ほん

❷

ぜんぶで ☐ ぼん

❸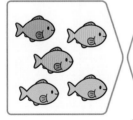

あわせて ☐ ひき

❹

あわせて ☐ わ

さんすうはかせ　たしざんでは 「＋」の きごうを つかうよね。「たす」と よむ 「＋」の きごうは、
「ー」の きごうに たてせんを つける ことで うまれたと いわれて いるよ。

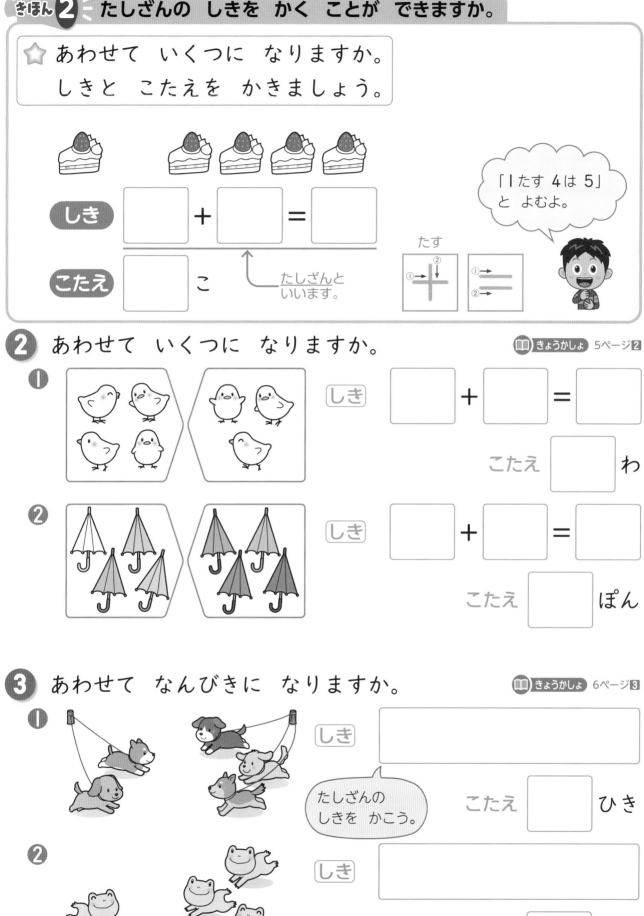

⭐ あわせて いくつに なりますか。
しきと こたえを かきましょう。

しき ☐ + ☐ = ☐

こたえ ☐ こ ← たしざんと いいます。

「1たす 4は 5」
と よむよ。

たす

2 あわせて いくつに なりますか。　📖 きょうかしょ 5ページ**2**

① しき ☐ + ☐ = ☐

こたえ ☐ わ

② しき ☐ + ☐ = ☐

こたえ ☐ ぽん

3 あわせて なんびきに なりますか。　📖 きょうかしょ 6ページ**3**

① しき ☐

たしざんの
しきを かこう。

こたえ ☐ ひき

② しき ☐

こたえ ☐ ひき

おうちのかたへ　合わせた数が 10までのたし算です。「合わせて」の意味を理解します。理解が難しいお子さんには、おはじきやみかんなど、具体的な物を動かしながら考えましょう。

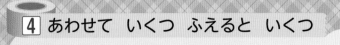

4 あわせて いくつ ふえると いくつ

あわせて いくつ ふえると いくつ ［その2］

もくひょう・
ふえると いくつに
なるかを
かんがえよう。

おわったら
シールを
はろう

きほんのワーク

きょうかしょ ② 7〜11ページ　こたえ 4ページ

きほん 1　ふえると いくつに なるか わかりますか。

☆ ふえると いくつに なりますか。

①

いれると
　びき

あとから いくつか
ふえると、いくつに
なるかを きいて いるね。

②

ふえると
　わ

1　ふえると いくつに なりますか。

📖 きょうかしょ 7ページ 1

①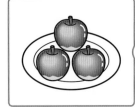

もらうと こ

②

ふえると わ

③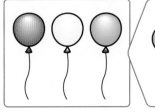

もらうと こ

④

ふえると ぴき

 「えんぴつが 3ぼん。あかえんぴつを 1ぽん もらうと、ぜんぶで 4ほん。」の ように
たしざんの おはなしを たくさん つくって みよう。

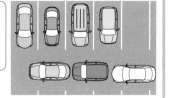

☆ くるまが 4だい とまって います。
3だい ふえると、なんだいに なりましたか。

しき ☐ + ☐ = ☐

こたえ ☐ だい

ふえる ときにも たしざんの しきに あらわせるんだね。

2 おはなしを しきに かいて こたえを かきましょう。

① ねこが 4ひき います。
5ひき くると、みんなで
なんびきに なりましたか。

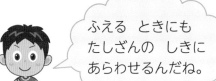きょうかしょ 9ページ **2** **3**

しき ☐ = ☐   こたえ ☐ ひき

② ケーキが 7こ あります。
3こ もらうと、なんこに なりましたか。

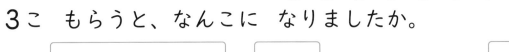

しき ☐ = ☐   こたえ ☐ こ

3 たしざんを しましょう。

きょうかしょ 9ページ **2**

① 1+5= ☐   ② 4+1= ☐

③ 4+2= ☐   ④ 5+3= ☐

⑤ 1+9= ☐   ⑥ 2+5= ☐

⑦ 5+5= ☐   ⑧ 3+4= ☐

⑨ 7+1= ☐   ⑩ 2+8= ☐

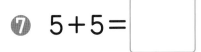 「ふえると」と「合わせて」の意味の違いを理解しているかどうか確認しましょう。「ふえると」は後からいくつかをつけたすことになります。

21

あわせて いくつ ふえると いくつ [その3]

きほんのワーク

もくひょう
0の たしざんを しろう。たしざんの おはなしを つくろう。

おわったら シールを はろう

きょうかしょ ② 12ページ　こたえ 4ページ

きほん 1 0の たしざんの いみが わかりますか。

⭐ たまいれを して います。1かいめと 2かいめに いれた たまの かずを あわせましょう。

①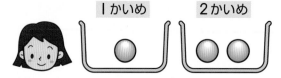

1 + 2 = ☐　

②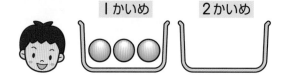

3 + ☐ = ☐

1こも はいらなかった ときは 0を かくんだね。

0は 1つも ない という いみだよ。

1 たまいれで、まなさんが いれた かずは、0+2の しきに なります。たまは どのように はいったのでしょうか。
かごの なかに ● を かきましょう。

📖 きょうかしょ 12ページ 1

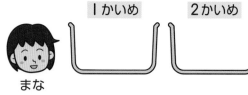
まな

0 + 2 = ☐　こたえを かこう。

2 たまは どのように はいったのでしょうか。
かごの なかに ● を かきましょう。

📖 きょうかしょ 12ページ 1

① 2 + 0　　　　　　　　② 0 + 0

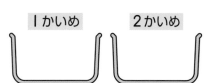
1かいめ　2かいめ

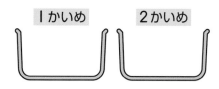
1かいめ　2かいめ

おうちのかたへ　0のたし算の意味を学習します。0にたしたり、0をたしたりするイメージがつかみにくいお子さんが多いので、具体的な物を使って、0のたし算をイメージしてみましょう。

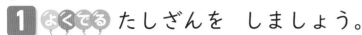

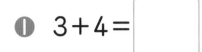

とくてん

/100てん

おわったら
シールを
はろう

きょうかしょ ② 3〜12ページ　こたえ 4ページ

1 よくでる たしざんを しましょう。

1つ5〔50てん〕

① 3+4=☐

② 1+8=☐

③ 4+2=☐

④ 6+4=☐

⑤ 5+5=☐

⑥ 3+6=☐

⑦ 7+2=☐

⑧ 2+0=☐

⑨ 0+9=☐

⑩ 0+0=☐

2 よくでる こたえが 7に なる カードに ○を かきましょう。

〔10てん〕

| 3+3 | 2+5 | 4+1 | 1+6 |

3 いちごケーキが 4こ あります。チョコレートケーキが 3こ あります。ケーキは ぜんぶで なんこ ありますか。

1つ10〔20てん〕

しき ☐

こたえ ☐ こ

4 くるまが 6だい とまって います。3だい ふえると、なんだいに なりますか。

1つ10〔20てん〕

しき ☐

こたえ ☐ だい

☐ たしざんの しきに かく ことが できたかな？
☐ たしざんの けいさんが できたかな？

ふろくの「計算れんしゅうノート」2〜5ページを やろう！

23

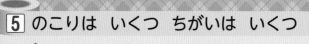

のこりは いくつ ちがいは いくつ ［その1］

きほんのワーク

もくひょう
のこりは いくつに なるかを かんがえよう。

おわったら シールを はろう

きょうかしょ ② 13〜19ページ　こたえ 4ページ

きほん 1 のこりは いくつに なるか わかりますか。

⭐ のこりは いくつに なりますか。

①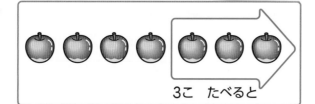

3こ たべると

のこりは

 こ

②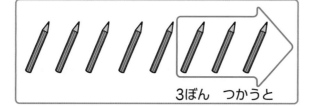

3ぼん つかうと

のこりが いくつに なるか、かずを かぞえれば いいね。

のこりは

ほん

---

1 のこりは いくつに なりますか。

📖 きょうかしょ 13ページ 1

①

3にん かえると　　にん

②

2こ たべると　　こ

③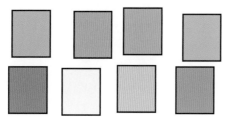

4まい つかうと　　まい

④

3わ とんで いくと　　わ

 むかし たるに はいった みずを つかった とき、「ここまで つかったよ。」と いう しるしとして たるに よこぼうを ひいたのが 「一」の きごうの はじめなんだって。

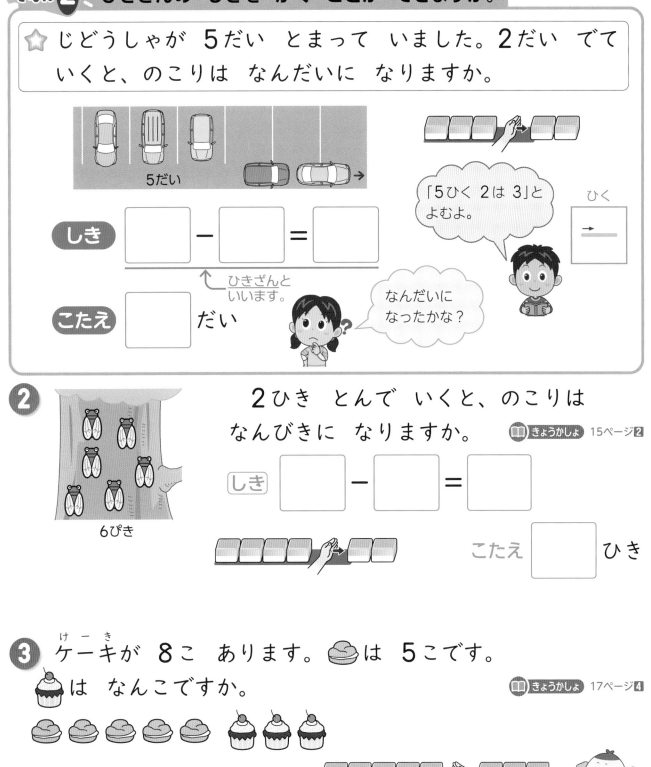

☆ じどうしゃが 5だい とまって いました。2だい でて いくと、のこりは なんだいに なりますか。

5だい

「5ひく 2は 3」と よむよ。

ひく
→

しき 〔　〕－〔　〕＝〔　〕

↑ ひきざんと いいます。

なんだいに なったかな？

こたえ 〔　〕だい

2 2ひき とんで いくと、のこりは なんびきに なりますか。 📖 きょうかしょ 15ページ2

6ぴき

しき 〔　〕－〔　〕＝〔　〕

こたえ 〔　〕ひき

3 ケーキが 8こ あります。🍪は 5こです。 🧁は なんこですか。 📖 きょうかしょ 17ページ4

しき 〔　　　〕＝〔　〕

こたえ 〔　〕こ

おうちのかたへ 初めの数量から取りさったり、減少したりしたときの残りの部分を求めます（求残）。 全体とその一部分がわかっているとき、他の部分を求めます（求補）。

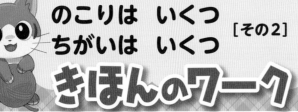

のこりは いくつ
ちがいは いくつ [その2]

きほんのワーク

もくひょう
0の ひきざんを しよう。
ちがいは いくつに
なるかを かんがえよう。

おわったら
シールを
はろう

きょうかしょ ② 20〜24ページ　こたえ 5ページ

きほん 1 ▶ 0の ひきざんの いみが わかりますか。

トランプあそびを して います。のこりの は
なんまいですか。

 1まい だすと

$$4-1=\boxed{}$$

 2まい だすと

$$4-\boxed{}=\boxed{}$$

 4まい だすと

$$4-\boxed{}=\boxed{}$$

 1まいも だせないと

ぱす…。

$$4-\boxed{}=\boxed{}$$

1 のこりの 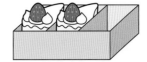 は いくつですか。　きょうかしょ 20ページ 1

❶ 1こ たべると　❷ 3こ たべると　❸ 1こも たべないと

$$3-1=\boxed{}$$

$$3-3=\boxed{}$$

$$3-0=\boxed{}$$

2 ひきざんを しましょう。　きょうかしょ 20ページ 1

❶ $7-0=\boxed{}$　❷ $6-6=\boxed{}$　❸ $0-0=\boxed{}$

 さんすうはかせ　おおむかし かずが はつめいされた ときには 「0」という かずは なかったんだって。
0を はつめいしたのは いんどじんと いわれて いるよ。

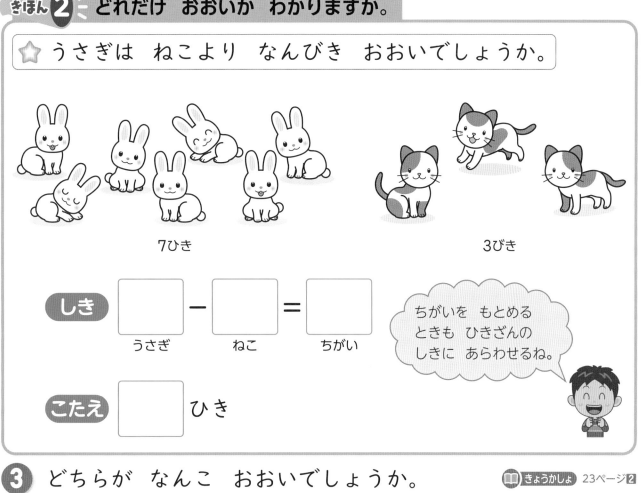

きほん2 どれだけ おおいか わかりますか。

⭐ うさぎは ねこより なんびき おおいでしょうか。

7ひき　　　　　3びき

しき ☐ － ☐ ＝ ☐

うさぎ　　ねこ　　ちがい

ちがいを もとめる ときも ひきざんの しきに あらわせるね。

こたえ ☐ ひき

3 どちらが なんこ おおいでしょうか。　📖 きょうかしょ 23ページ2

りんご　　　　　みかん
6こ　　　　　4こ

しき ☐ － ☐ ＝ ☐

こたえ ☐ が ☐ こ おおい。

4 くれよんと えんぴつの かずの ちがいは なんぼんですか。　📖 きょうかしょ 23ページ3

7ほん　　　　　9ほん

しき ☐ － ☐ ＝ ☐　こたえ ☐ ほん

おうちのかたへ 2つの数量の差を求める「求差」を学習します。求差は、2つの数量が同時に存在するとき、その違い（差）を求めるひき算です。また、0のひき算の学習をします。

たしざんかな ひきざんかな

もくひょう
たしざんに なるか
ひきざんに なるかを
かんがえよう。

おわったら
シールを
はろう

きほんのワーク

きょうかしょ ② 25ページ　　こたえ 5ページ

きほん① おはなしを つくる ことが できますか。

⭐ えを みて、①、②の もんだいに こたえましょう。

かえるねー。

① □に あてはまる かずを かきましょう。

こどもが □ にんで あそんで いました。

3にん かえると、□ にんに なりました。

② ①の おはなしを、しきに かきましょう。

しき □ ＝ □

ひきざんの
しきで かこう。

① あかい はなが 5こ さいて います。きいろい はなが
3こ さいて います。あわせて なんこ さいて いますか。

📖 きょうかしょ 25ページ①

しき □ ＝ □　　　　こたえ □ こ

② いぬが 2ひき、ねこが 7ひき います。どちらが
なんびき おおいでしょうか。

📖 きょうかしょ 25ページ①

しき □ ＝ □

こたえ □ が □ ひき おおい。

さんすうはかせ けいさんに つよく なるには なんかいも けいさんを する ことが ひつようだよ。
まちがえた もんだいは かならず やりなおして おくように しようね。

まとめのテスト

きょうかしょ ② 13〜27ページ こたえ 5ページ

じかん **20** ぷん

とくてん

/100てん

おわったら
シールを
はろう

1 よくでる ひきざんを しましょう。

1つ5〔50てん〕

① 3−1=☐ ② 7−4=☐

③ 6−0=☐ ④ 9−7=☐

⑤ 4−3=☐ ⑥ 5−4=☐

⑦ 8−4=☐ ⑧ 9−9=☐

⑨ 7−6=☐ ⑩ 10−8=☐

2 よくでる こたえが 4に なる カードに ○を かきましょう。

〔10てん〕

6−2 9−4 7−3 10−7

3 あめが 8こ ありました。3こ たべると、のこりは
なんこに なりますか。

1つ10〔20てん〕

しき ☐

こたえ ☐ こ

4 いぬが 6ぴき います。ねこが 4ひき います。いぬは
ねこより なんびき おおいでしょうか。

1つ10〔20てん〕

しき ☐

こたえ ☐ ひき

 チェック ✔
☐ ひきざんの しきに かく ことが できたかな?
☐ ひきざんの けいさんが できたかな?

ふろくの「計算れんしゅうノート」6〜9ページを やろう!

かずしらべ

きほんのワーク

きほん 1 せいりして かんがえる ことが できますか。

⭐ まみさんは おりがみで つるを おって います。

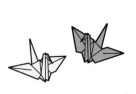

げつようび

かようび

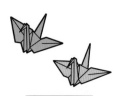
すいようび

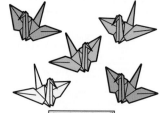
もくようび

おった かずだけ
いろを ぬりましょう。

いくつ おったか
みながら ぬろう!

おった かずの ちがいが
ひとめで わかるね。

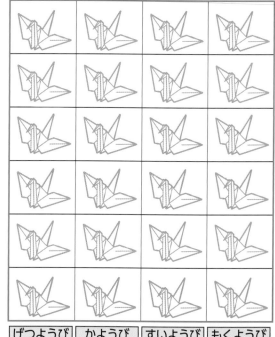
げつようび かようび すいようび もくようび

1 うえの もんだいを みて こたえましょう。 📖 きょうかしょ 30ページ②

❶ いちばん たくさん おったのは
なんようびですか。 (ようび)

❷ 4こ おったのは なんようびですか。 (ようび)

❸ おった かずが おなじなのは
なんようびと なんようびですか。 (____ ようびと ____ ようび)

30

数を整理して考えます。表やグラフの学習の入り口になります。整理したものを見て、わかることを話し合ってみましょう。

まとめのテスト

きょうかしょ ② 28〜31ページ　こたえ 5ページ

じかん **20** ぷん

とくてん

／100てん

おわったら
シールを
はろう

1 くだものの かずを くらべましょう。

1つ20〔100てん〕

❶ くだものの かずを
みやすく せいりします。
みぎに かずだけ
いろを ぬりましょう。

❷ バ な なは
なんぼんですか。

（　　　　　　　　）

❸ いちばん おおい
くだものは どれですか。

（　　　　　　　　）

| メ め ろ んロン | バナナ | ぶどう | ぱ い な っ ぷ るパイナップル | りんご |

❹ いちばん すくない くだものは どれですか。

（　　　　　　　　）

❺ くだものの かずが おなじなのは、どの くだものと
どの くだものですか。

（　　　　と　　　　）

□ かずを せいりする ことが できたかな？
□ せいりした ものを みて わかった ことが いえたかな？

10より おおきい かず [その1]

きほんのワーク

きょうかしょ ② 33〜39ページ　　こたえ 5ページ

きほん **1** 20までの かずの かきかたが わかりますか。

☆ かずを すうじで かきましょう。

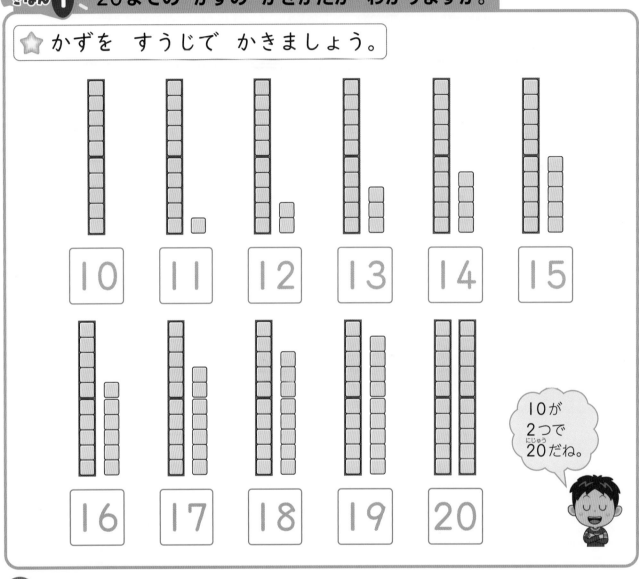

| 10 | 11 | 12 | 13 | 14 | 15 |

| 16 | 17 | 18 | 19 | 20 |

10が 2つで 20だね。

1 かずを かぞえましょう。

📖 きょうかしょ 35ページ②

❶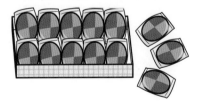

❷

❸

❷と ❸は 10の まとまりを かこむと わかりやすいね。

 かずの かぞえかたは こえに だして おぼえよう。2 4 6 8 10(2とび)、5 10 15 20(5とび)も おぼえて おくと べんりだよ。

⭐ かずを かぞえましょう。

① は 2、4、6、…と かぞえると いいね。
② は 5、10、…と かぞえよう。

2 なんにん いますか。 📖 きょうかしょ 38ページ 5

① □ にん

② □ にん

3 □に あてはまる かずを かきましょう。 📖 きょうかしょ 39ページ 4

① 10と 8で □

② 10と 3で □

③ 10と 1で □

④ 10と 6で □

4 □に あてはまる かずを かきましょう。 📖 きょうかしょ 39ページ 4

① 12は 10と □

② 16は 10と □

③ 19は 10と □

④ 20は 10と □

⑤ 17は □ と 7

⑥ 13は □ と 3

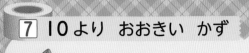

もくひょう・
かずの ならびかたを
しろう。かずのせんの
みかたを しろう。

おわったら
シールを
はろう

10より おおきい かず ［その2］

きほんのワーク

きょうかしょ ② 39〜43ページ　こたえ 6ページ

きほん 1 かずの ならびかたが わかりますか。

⭐ □に あてはまる かずを かきましょう。

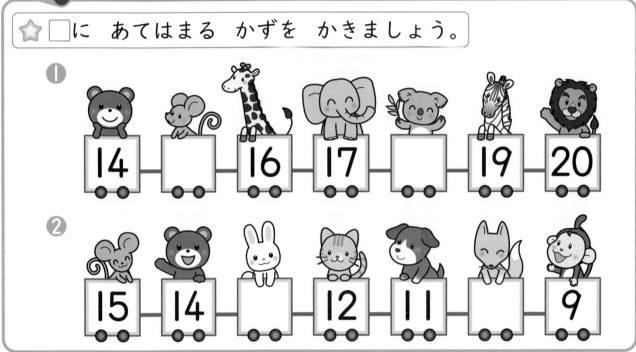

① 14 □ 16 17 □ 19 20

② 15 14 □ 12 11 □ 9

---

1 □に あてはまる かずを かきましょう。　📖 きょうかしょ 39ページ 7

① 11 — 12 — □ — □ — 15 — □ — 17

② 8 — 10 — □ — □ — 16 — □ — 20

③ 5 — 10 — □ — 20

---

2 いちばん ちいさい かずに ○を かきましょう。

📖 きょうかしょ 41ページ 7

① 20　19　18　　② 11　12　13

③ 16　9　14　　④ 19　10　20

さんすうはかせ かずのせんでは、みぎに いくほど かずが おおきく なって いるよ。かずのせんは 「すうちょくせん」とも いって、さんすうの べんきょうに よく でて くるよ。

☆ □に あてはまる かずを かきましょう。

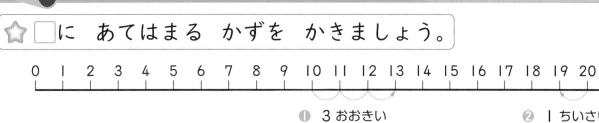

0 1 2 3 4 5 6 7 8 9 10 11 12 13 14 15 16 17 18 19 20

① 3 おおきい **②** 1 ちいさい

① 10より 3 おおきい かずは

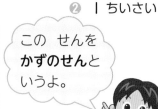

この せんを **かずのせんと** いうよ。

② 20より 1 ちいさい かずは

3 かずのせんを みて こたえましょう。　📖 きょうかしょ 40ページ **8**

0 1 2 3 4 5 6 7 8 9 10 11 12 13 14 15 16 17 18 19 20

① 12より 2 おおきい かず　　　　　　　　（　　　　）

② 15より 3 ちいさい かず　　　　　　　　（　　　　）

③ 18より 2 ちいさい かず　　　　　　　　（　　　　）

4 いくつ ありますか。　📖 きょうかしょ 42ページ **10**

①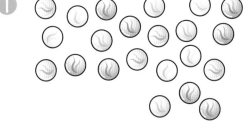

②

20と 2で にじゅうに。

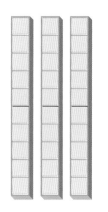

10が 3こで さんじゅう。

おうちのかたへ 30前後までの数について学習します。数直線（かずのせん）は、目もりが等間隔に並んでいることや、右にいくほど数が大きくなることに注意しましょう。

10より おおきい かず [その3]

もくひょう
10より おおきい かずの
たしざんと ひきざんの
やりかたを しろう。

おわったら
シールを
はろう

きほんのワーク

きょうかしょ ② 44〜45ページ　　こたえ 6ページ

きほん 1 10+4、14−4の けいさんが わかりますか。

⭐ □に あてはまる かずを かきましょう。

❶ 14は [　] と [4] です。

❷ [10] に [4] を たした かず

　10+4=[　]

❸ [14] から [4] を ひいた かず

　14−4=[　]

ずを みて
かんがえよう。

1 □に あてはまる かずを かきましょう。　📖きょうかしょ 44ページ1 45ページ3

❶ 10に 7を たした かず　❷ 17から 7を ひいた かず

　10+7=[　]　　　　　　　　17−7=[　]

2 けいさんを しましょう。　📖きょうかしょ 44ページ1 45ページ2

❶ 10+5=[　]　　　　❷ 10+9=[　]

❸ 20+1=[　]　　　　❹ 12−2=[　]

❺ 19−9=[　]　　　　❻ 23−3=[　]

さんすうはかせ 0の ことを 「れい」の ほかに 「ぜろ」と よむ ことも あるよ。
えいごや ふらんすごでも 「ぜろ」と いうんだって。おもしろいね。

☆ □に あてはまる かずを かきましょう。

❶ 13に 2を たした かず

$13+2=$ □

❶ 10は そのままで 3+2を すれば いいね。

❷ 15から 2を ひいた かず

$15-2=$ □

❷ 10は そのままで 5-2を すれば いいね。

3 □に あてはまる かずを かきましょう。　📖きょうかしょ 44ページ❷ 45ページ❹

❶ 12に 4を たした かず

$12+4=$ □

❷ 16から 4を ひいた かず

$16-4=$ □

4 けいさんを しましょう。　📖きょうかしょ 44ページ❶ 45ページ❷

❶ $15+4=$ □

❷ $14+3=$ □

❸ $12+6=$ □

❹ $24+5=$ □

❺ $18-3=$ □

❻ $17-4=$ □

❼ $16-2=$ □

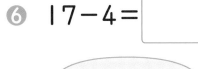

10と いくつや 20と いくつと かんがえれば けいさんできるね。

❽ $29-3=$ □

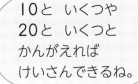

れんしゅうのワーク

できた かず /7もん 中

おわったら シールを はろう

きょうかしょ ② 33〜46ページ　こたえ 6ページ

1 おかねの だしかた　27えんの チョコレートを かいます。

□に あてはまる かずを かいて、27えんを つくりましょう。

① 🔟 を □ まい、⑤ を 1まい、① を 2まい。

② 🔟 を 2まい、① を □ まい。

③ ⑤ を 5まい、① を □ まい。

27えん

2 かずの おおきさ　えを みて こたえましょう。

24	20
17	19
15	11	26

① いちばん おおきい かずは

□ の カードです。

② いちばん ちいさい かずは

□ の カードです。

3 かずのせん　□に あてはまる かずを かきましょう。

0 1 2 3 4 5 6 7 8 9 10 11 12 13 14 15 16 17 18 19 20

① 15より 4 おおきい かずは □ です。

かずのせんを みて かんがえよう。

② 17より 3 ちいさい かずは □ です。

できるナビ　かずのせんでは、みぎに すすむと おおきい かずに なるよ。はんたいに、ひだりに すすむと ちいさい かずに なるんだ。

まとめのテスト

じかん **20** ぷん

とくてん

/100てん

おわったら
シールを
はろう

1 かずを かきましょう。

1つ10〔30てん〕

①

②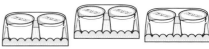

③

2 □に あてはまる かずを かきましょう。

1つ5〔20てん〕

① | 24 | 25 | 26 | 27 | |

② | 15 | 14 | | 12 | 11 |

③ | 3 |

0　　　5　　　10　　　15　　　20

3 おおきい ほうに ○を かきましょう。

1つ5〔10てん〕

① 13　15

② 20　14

4 けいさんを しましょう。

1つ10〔40てん〕

① 10+3=

② 14+5=

③ 17−7=

④ 19−4=

 ✔
□ 10より おおきい かずを あらわす ことが できたかな？
□ 10より おおきい かずの けいさんが できたかな？

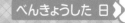
べんきょうした 日 ＞　　月　　日

もくひょう

なんじ なんじはんを
よめるように
しよう。

おわったら
シールを
はろう

なんじ なんじはん

きほんのワーク

きょうかしょ ② 47〜49ページ　　こたえ 6ページ

きほん ① とけいの よみかたが わかりますか。

☆ とけいを よみましょう。

あ

いって きま〜す!

あは ［　　　　］じ です。

みじかい はりを みると
なんじか わかるね。

い

またね〜!

いは ［　じはん　］です。

みじかい はりは 2と 3の あいだ、
ながい はりは 6を さして いるよ。

1 とけいの よみかたを せんで むすびましょう。
 きょうかしょ 48ページ 1

6じはん　　　5じはん　　　7じ

2 とけいを よみましょう。
 きょうかしょ 48ページ 1

① 　② 　③

（　　　　　）（　　　　　）（　　　　　）

 さんすうはかせ　ごぜん・ごごって きいた ことが あるよね。おひるの 12じの まえと あとと
いう いみだよ。2ねんせいで べんきょうするよ。

☆ ながい はりを かきましょう。

① 10じ

みじかい はりが 10、ながい はりは 12を させば いいね。

② 4じはん

みじかい はりが 4と 5の あいだに あるよ。ながい はりは 6を させば いいね。

③ ながい はりを かきましょう。

📖 きょうかしょ 49ページ 1

① 9じ

② 2じ

③ 8じはん

④ 10じはん

④ 1じはんの とけいは、あ、①の どちらですか。

📖 きょうかしょ 49ページ

( )

あ

①

みじかい はりに ちゅういしよう。

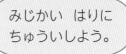

れんしゅうのワーク

できた かず

／9もん 中

おわったら
シールを
はろう

きょうかしょ ② 47〜49ページ　こたえ 7ページ

1 とけいの よみかた　とけいを よみましょう。

❶

〔おきる〕

(　　　　　)

❷

〔じゅぎょう〕

(　　　　　)

❸

〔あそぶ〕

(　　　　　)

2 なんじ なんじはん　とけいの はりを かきましょう。

❶ 5じ

❷ 1じ

❸ 3じはん

❹ 7じはん

チャレンジ! ❺ 8じ

チャレンジ! ❻ 9じはん

できるナビ　ながい はりが 12の ときは 「なんじ」、ながい はりが 6の ときは
「なんじはん」に なって いるね。

まとめのテスト

じかん **20** ぷん

とくてん

／100てん

おわったら シールを はろう

1 よくでる　とけいを よみましょう。

1つ15〔60てん〕

 ①

（　　　　　　）

②

（　　　　　　）

❸

（　　　　　　）

❹

（　　　　　　）

2 ながい はりを かきましょう。

1つ15〔30てん〕

① 5じ

② 10じはん

3 9じはんの とけいは、
あ、いの どちらですか。

〔10てん〕

（　　　　　　）

あ 　　い

□ とけいの よみかたが わかったかな？
□ とけいの はりを かく ことが できたかな？

43

たしざんカード ひきざんカード

きほんのワーク

もくひょう
たしざんカードと
ひきざんカードを
つかって、けいさんしよう。

おわったら
シールを
はろう

きょうかしょ 2 50〜51ページ　こたえ 7ページ

きほん 1 おなじ こたえの しきが わかりますか。

⭐ こたえが おなじに なる カードを あつめて います。
あいて いる カードに はいる しきを かきましょう。

〔4〕

| 1 + 3 |
|
| 3 + 1 |

〔5〕

| 1 + 4 |
| 2 + 3 |
|
| 4 + 1 |

〔6〕

|
| 2 + 4 |
| 3 + 3 |
|
| 5 + 1 |

ならびかたに
きまりが
あるのかな?

1 あいて いる カードに はいる しきを かきましょう。

📖 きょうかしょ 51ページ 2

〔5〕

| 6 − 1 |
|
| 8 − 3 |
|
| 10 − 5 |

〔6〕

| 7 − 1 |
|
| 9 − 3 |
| 10 − 4 |

〔7〕

|
| 9 − 2 |
|

−の あとの
かずは したに
いくと 1ずつ
大きく なるね。

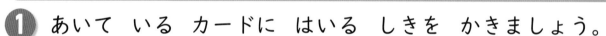

  おうちのかたへ たし算とひき算のカードを使って、答えが同じになる式を見つけます。数の並び方のきまり、＋や−の前後の数の関係に目を向けるようにしましょう。

べんきょうした日 ｜ 月　日

とくてん

／100てん

おわったら
シールを
はろう

まとめのテスト

じかん 20 ぷん

きょうかしょ ② 50〜51ページ　　こたえ 7ページ

1 おなじ こたえに なる カードを せんで むすびましょう。

1つ5〔20てん〕

| 3+4 | 6+3 | 1+7 | 5+1 |

| 4+4 | 5+2 | 3+3 | 4+5 |

2 おなじ こたえに なる カードを せんで むすびましょう。

1つ5〔20てん〕

| 9−3 | 6−2 | 10−5 | 8−7 |

| 8−4 | 7−1 | 2−1 | 9−4 |

3 □に あてはまる かずを かいて、こたえが 10に なる
カードを つくりましょう。

1つ5〔30てん〕

❶ 3+□　❷ □+1　❸ 7+□

❹ □+2　❺ 5+□　❻ □+6

4 □に あてはまる かずを かいて、こたえが 2に なる
カードを つくりましょう。

1つ5〔30てん〕

❶ 7−□　❷ 10−□　❸ 9−□

❹ □−4　❺ □−6　❻ □−3

チェック✓ □たしざんカードを ならべて かんがえる ことが できたかな？
□ひきざんカードを ならべて かんがえる ことが できたかな？

45

3つの かずの けいさん [その1]

もくひょう
3つの かずの たしざん、ひきざんを しろう。

おわったら シールを はろう

きほんのワーク

きょうかしょ ② 53〜55ページ　こたえ 7ページ

きほん❶ 3つの かずの たしざんが わかりますか。

⭐ みんなで なんわに なりましたか。
□に あてはまる かずを かきましょう。

3わ いました。

2わ きました。

1わ きました。

しき　3+ □ + □ = □

1つの しきに かく ことが できます。

3+2の こたえに 1を たせば いいね。

こたえ □ わ

❶ みんなで なんびきに なりましたか。□に あてはまる かずを かきましょう。

📖 きょうかしょ 53ページ❶

2ひき いました。　1ぴき きました。　4ひき きました。

しき　2+ □ + □ = □　　こたえ □ ひき

❷ たしざんを しましょう。

📖 きょうかしょ 54ページ❷

① 3+4+1= □　　② 4+2+1= □

③ 9+1+2= □　　④ 4+6+3= □

 3つの かずの けいさんは、はじめに まえの 2つの けいさんを した こたえと 3つめの かずを けいさんするんだ。じゅんばんに けいさんすれば いいよ。

きほん 2 3つの かずの ひきざんが わかりますか。

⭐ かえるは、なんびきに なりましたか。
□に あてはまる かずを かきましょう。

7ひき のって いました。

2ひき おりました。

1ぴき おりました。

しき 7− [ ] − [ ] = [ ]   **こたえ** [ ] ひき

ひきざんも 1つの しきに かけるね。

7−2の こたえから 1を ひけば いいんだよ。

3 とりは なんわに なりましたか。□に あてはまる かずを かきましょう。

📖 きょうかしょ 55ページ 2

8わ いました。

3わ とんで いきました。

2わ とんで いきました。

しき 8− [ ] − [ ] = [ ]   こたえ [ ] わ

4 ひきざんを しましょう。

📖 きょうかしょ 55ページ ▧

① 7−3−1= [ ]   ② 10−3−3= [ ]

③ 13−3−4= [ ]

④ 17−7−6= [ ]

❸ 13−3=10
10から 4を
ひけば いいね。

3つの かずの けいさん [その2]

もくひょう
3つの かずの けいさんを
しよう。わけかたを
かんがえよう。

おわったら
シールを
はろう

きほんのワーク

きょうかしょ ② 56〜57ページ　　こたえ 7ページ

きほん 1 3つの かずの けいさんが できますか。

⭐ リスは なんびきに なりましたか。
□に あてはまる かずを かきましょう。

4ひき のって いました。　　2ひき おりました。　　3びき のりました。

しき 4− □ ＋ □ ＝ □　　**こたえ** □ ひき

たしざんと ひきざんの まじった
けいさんも 1つの しきに かけるね。

4−2の こたえに
3を たせば いいね。

1 あめは なんこに なりましたか。□に あてはまる
かずを かきましょう。

📖 きょうかしょ 56ページ 5

5こ ありました。　　2こ もらいました。　　3こ あげました。

しき 5＋ □ − □ ＝ □　　　こたえ □ こ

2 けいさんを しましょう。

📖 きょうかしょ 56ページ 6

① 7−3＋4＝ □ 　　② 10−4＋3＝ □

③ 6＋2−5＝ □ 　　④ 3＋7−2＝ □

きみは ラッキー7という ことばを きいた ことが あるかな？ 7は せかいの
いろいろな くにで「人気の ある すう字」として たいせつに されて いるんだって。

⭐ ペンギンは　なんわに　なりましたか。

□に　あてはまる　＋や　ーを　かきまじょう。

5わ　います。　　4わ　きます。　　2わ　かえりました。

しき　5 □ 4 □ 2＝7　　こたえ　7わ

「4わ　きた」のと
「2わ　かえった」のは
＋と　ーの　どちらかな？

3 2＋8－3の　しきに　なるように　❶、❷に　あてはまる

えを　あから　うの　なかから　えらびましょう。　　きょうかしょ　57ページ　7

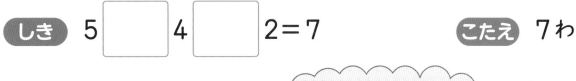

2こ　あります。　　8こ　もらいます。　　3こ　つかいました。

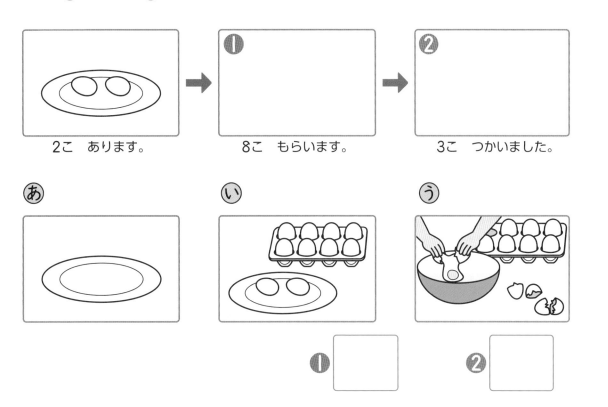

あ　　　い　　　う

❶ □　　❷ □

おうちのかたへ　3つの数の計算のうち、たし算とひき算が混じったものを学習します。理解しにくいお子さんには、ブロックなどで「増えたり、減ったり」をイメージするよう促します。

れんしゅうのワーク

できた かず

／13もん 中

おわったら
シールを
はろう

きょうかしょ ② 53〜58ページ　こたえ 8ページ

1 しきの かきかた　おはなしに あう しきを せんで むすびましょう。☐に こたえも かきましょう。

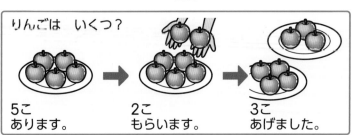

りんごは いくつ？

5こ
あります。　2こ
もらいます。　3こ
あげました。

とりは なんわ？

5わ いました。　2わ とんで
いきました。　3わ とんで
きます。

ねこは なんびき？

5ひき いました。　2ひき きます。　3びき きます。

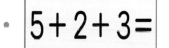

$5+2+3=$

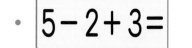

$5-2+3=$

$5+3+1=$

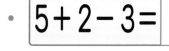

$5+2-3=$

2 3つの かずの けいさん　けいさんを しましょう。

❶ $4+5+1=$ ☐

❷ $6+4+5=$ ☐

❸ $8-2-3=$ ☐

❹ $17-7-4=$ ☐

❺ $6-2+3=$ ☐

❻ $9+1-2=$ ☐

50

できるナビ　3つの かずの けいさんは まえから じゅんに すれば いいよ。とくに、ひきざんの
しきの ときに ちゅういしよう。

べんきょうした日　月　日

とくてん
/100てん

おわったら
シールを
はろう

まとめのテスト

じかん
20ぷん

きょうかしょ ② 53～58ページ　こたえ 8ページ

1 みんなで なんびきに なりましたか。１つの しきに
かいて こたえましょう。

1つ10〔20てん〕

3びき いました。　　１ぴき きました。　　2ひき かえりました。

しき 　　　　　　　　　　　　　　　　　

こたえ 　　　 ひき

2 よくでる おにぎりは なんこに なりましたか。１つの
しきに かいて こたえましょう。

1つ10〔20てん〕

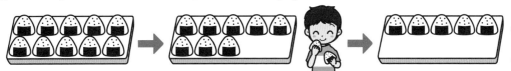

10こ ありました。　　2こ たべました。　　3こ たべました。

しき 　　　　　　　　　　　　　　　　　

こたえ 　　　 こ

3 けいさんを しましょう。

1つ10〔60てん〕

❶ 3＋2＋4＝ 　　　

❷ 8＋2＋7＝ 　　　

❸ 9－3－2＝ 　　　

❹ 16－6－3＝ 　　　

❺ 10－7＋5＝ 　　　

❻ 1＋9－6＝ 　　　

チェック✔ □ １つの しきに かく ことが できたかな？
□ ３つの かずの けいさんが できたかな？

ふろくの「計算れんしゅうノート」12・13ページを やろう！

51

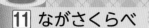

ながさくらべ［その1］

きほんのワーク

もくひょう
ながさを
くらべられるように
しよう。

おわったら
シールを
はろう

きほん 1 ながさを くらべる ことが できますか。

⭐ えを みて、あから えで こたえましょう。

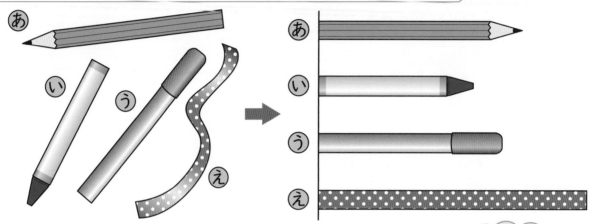

① いちばん ながい もの （　　　）

② いちばん みじかい もの （　　　）

はしを そろえて
くらべて
いるんだね。

1 あ、いの どちらが ながいでしょうか。

きょうかしょ 59ページ1

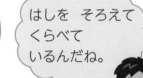

（　　　）

2 たてと よこの ながさを くらべます。あ、いの
どちらが ながいでしょうか。

きょうかしょ 59ページ1

①

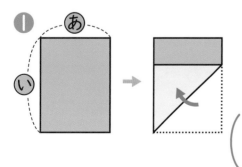

（　　　）

②

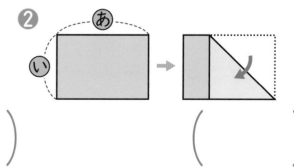

（　　　）

さんすうはかせ きみの ふでばこには なんぼんの えんぴつが はいって いるかな。つくえの うえに
たてて ながさくらべを して みよう。

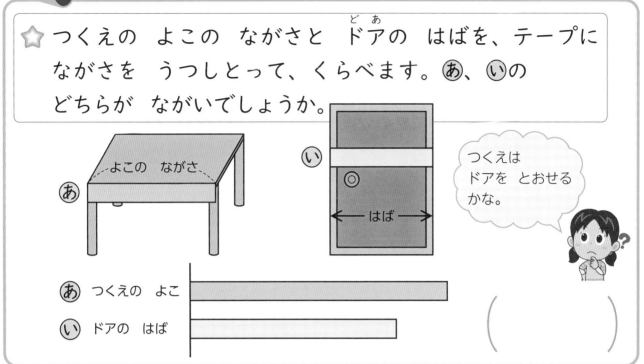

☆ つくえの よこの ながさと ドアの はばを、テープに ながさを うつしとって、くらべます。あ、いの どちらが ながいでしょうか。

よこの ながさ

つくえは ドアを とおせる かな。

あ つくえの よこ

い ドアの はば

( )

---

3 あ、いの どちらが ながいでしょうか。 きょうかしょ 61ページ 2

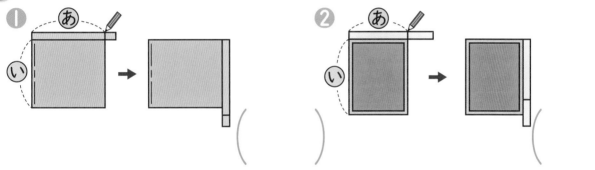

① ( )　② ( )

---

4 いろいろな ものの ながさを テープに うつしとって、ながさを くらべました。あから えで こたえましょう。

きょうかしょ 62ページ 3

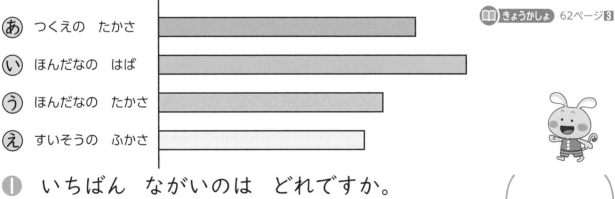

あ つくえの たかさ
い ほんだなの はば
う ほんだなの たかさ
え すいそうの ふかさ

① いちばん ながいのは どれですか。 ( )

② いちばん みじかいのは どれですか。 ( )

おうちのかたへ　長さについて学習します。比べる物を並べたり、重ねたりして比べる直接比較と、テープなどに写して比べる間接比較を学びます。

11 ながさくらべ

ながさくらべ ［その2］

もくひょう
ながさを
いくつぶんかで
くらべよう。

おわったら
シールを
はろう

きほんのワーク

きょうかしょ ② 63〜64ページ　　こたえ 8ページ

きほん 1　いくつぶんの ながさか わかりますか。

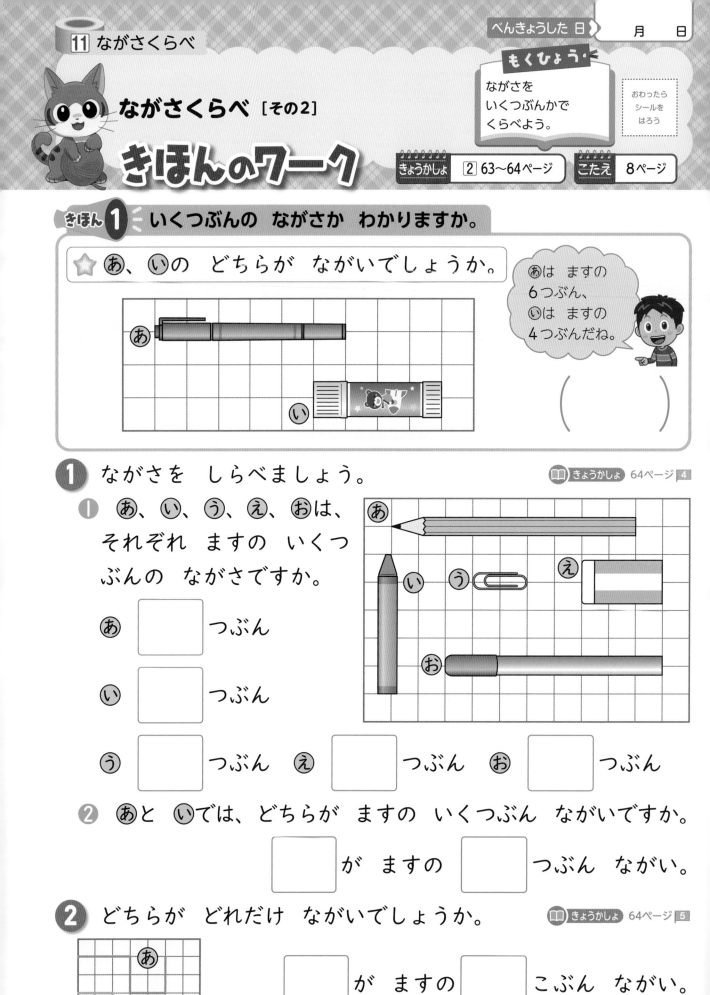

⭐ あ、いの どちらが ながいでしょうか。

あは ますの
6つぶん、
いは ますの
4つぶんだね。

（　　　　）

1 ながさを しらべましょう。　　　📖 きょうかしょ 64ページ 4

❶ あ、い、う、え、おは、
それぞれ ますの いくつ
ぶんの ながさですか。

あ 〔　　〕 つぶん

い 〔　　〕 つぶん

う 〔　　〕 つぶん　え 〔　　〕 つぶん　お 〔　　〕 つぶん

❷ あと いでは、どちらが ますの いくつぶん ながいですか。

〔　　　〕 が ますの 〔　　〕 つぶん ながい。

2 どちらが どれだけ ながいでしょうか。　　　📖 きょうかしょ 64ページ 5

〔　　　〕 が ますの 〔　　〕 こぶん ながい。

さんすうはかせ　むかしは ゆびと ゆびの あいだの ながさなどを つかって、ながさを はかって いたよ。

まとめのテスト

じかん 20ぷん

とくてん
／100てん

おわったら
シールを
はろう

きょうかしょ ② 59〜64ページ　こたえ 8ページ

1 えを みて、あから えで こたえましょう。

1つ20〔40てん〕

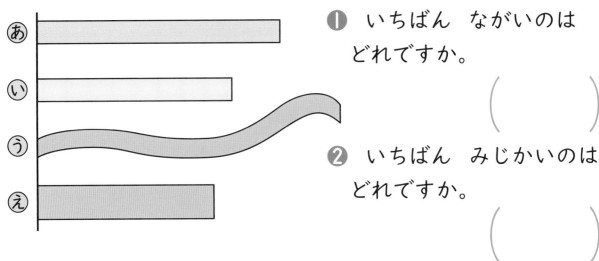

❶ いちばん ながいのは
どれですか。

（　　　　）

❷ いちばん みじかいのは
どれですか。

（　　　　）

2 よくでる たてと よこでは どちらが ながいでしょうか。

1つ20〔40てん〕

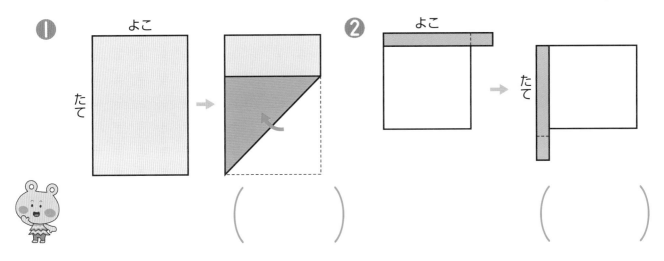

❶

よこ

たて

（　　　　）

❷

よこ

たて

（　　　　）

3 ながい じゅんに かきましょう。

〔20てん〕

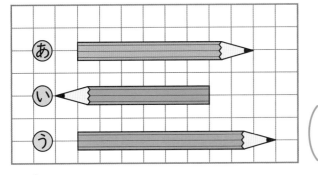

ますの いくつぶんの
ながさかな？

（　　→　　→　　）

□ ながさを くらべる ことが できたかな？
□ ながさを いくつぶんで くらべる ことが できたかな？

55

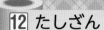

たしざん ［その1］

きほんのワーク

もくひょう
9や 8、7に たす たしざんを しよう。

おわったら
シールを
はろう

きょうかしょ ② 67〜73ページ　　こたえ 8ページ

きほん 1 9に たす たしざんが わかりますか。

⭐ **9＋3の けいさんの しかたを かんがえます。**
□に あてはまる かずを かきましょう。

❶ 9は あと □ で 10

10を つくって
けいさんしよう。
9は あと 1で 10だから、
3を 1と 2に わけるよ。

❷ 3の なかの 1を
9に たして □

❸ 10と 2で □

$$9＋3＝12$$
⑩ 1 2

1 ○と □に あてはまる かずを かきましょう。　📖 きょうかしょ 73ページ②

❶ $9＋5＝$ □
　⑩ 1 4

　・ ○ を 9に たして 10
　10と ○ で 14

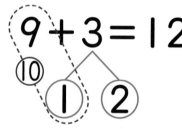

❷ $9＋7＝$ □
　⑩ 1 6

　・ ○ を 9に たして 10
　10と ○ で 16

さんすうはかせ たしざんでは 10の まとまりを つくることが たいせつだよ。あわせて 10に
なる くみあわせを すらすら いえるように して おこう。

☆ ○に あてはまる かずを かいて、たしざんの しかたを せつめいしましょう。

❶ 8＋5＝13

⑩ ② ③

・ ◯ を 8に たして 10

10と ◯ で 13

❷ 7＋4＝11

⑩ ③ ①

・ ◯ を 7に たして 10

10と ◯ で 11

2 ○と □に あてはまる かずを かきましょう。

📖 きょうかしょ 73ページ **2**

❶ 9＋4＝□

⑩ ① ③

❷ 8＋6＝□

⑩ ② ④

❸ 8＋4＝□

⑩ ② ◯

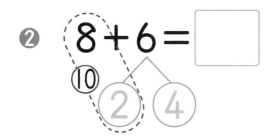

❹ 7＋5＝□

⑩ ◯ ◯

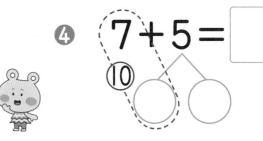

3 けいさんを しましょう。

📖 きょうかしょ 73ページ **2** **3**

❶ 9＋6＝□

❷ 8＋3＝□

❸ 9＋2＝□

❹ 8＋7＝□

❺ 8＋8＝□

❻ 7＋6＝□

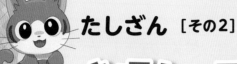

たしざん [その2]

きほんのワーク

きょうかしょ ② 74〜75ページ
こたえ 9ページ

もくひょう
いろいろな
やりかたで
たしざんを しよう。

おわったら
シールを
はろう

きほん 1 4+9を 2つの やりかたで けいさんできますか。

☆ 4+9の けいさんを ❶、❷の やりかたで
かんがえましょう。

❶ 4を 10に する。

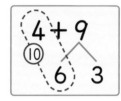

□ を 4に たして 10

10と □ で □

❷ 9を 10に する。

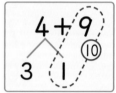

□ を 9に たして 10

10と □ で □

1 3+8を 2つの やりかたで けいさんしましょう。

📖 きょうかしょ 74ページ 3

❶ 3+8= □

7 ◯

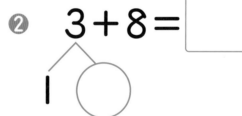

❷ 3+8= □

1 ◯

2 けいさんを しましょう。

📖 きょうかしょ 74ページ 4 5

❶ 2+9= □   ❷ 3+9= □   ❸ 4+8= □

❹ 5+8= □   ❺ 4+7= □   ❻ 7+7= □

さんすうはかせ たしざんには、うしろの かずを わけて 10を つくる ほうほうと、
まえの かずを わけて 10を つくる ほうほうが あるよ。

☆ こたえが　おなじに　なる　カードを　あつめて　います。
　あいて　いる　カードに　はいる　しきを　かきましょう。

〔14〕　　　　〔15〕　　　　〔16〕　　　　〔17〕

	6+9	7+9	
6+8			9+8
	8+7	9+7	
8+6			
9+5			

こたえが　おなじ
カードは　まえの
かずが　1　ふえると…

❸ カードの　こたえを　かきましょう。　　📖きょうかしょ 75ページ1

①  2+9　□
　おもて　　うら

② 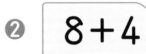 8+4　□

③  5+7　□

④ 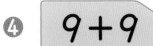 9+9　□

❹ □に　あてはまる　かずを　かいて、こたえが　13に　なる
　カードを　つくりましょう。　　📖きょうかしょ 75ページ1

① 9+□

② □+8

③ □+6

④ □+7

おうちのかたへ　＋の前の数を2つに分けて10を作る方法（被加数分解）を学びます。

れんしゅうのワーク

きょうかしょ ② 67〜77ページ　こたえ　9ページ

できた かず

/14もん 中

おわったら
シールを
はろう

1 たしざんカード　こたえが おなじに なる カード(かーど)を せんで むすびましょう。□に こたえも かきましょう。

$8+5$

$3+9$

$7+7$

$5+6$

$9+6$

$9+5=$

$7+4=$

$6+6=$

$8+7=$

$5+8=$

2 たしざん　$9+7$の けいさんを します。□に あてはまる かずを かきましょう。

○○○○○○○○○⟲　◉○○○○○○○

❶ 9は あと 1で □

❷ 7の なかの □ を 9に たして □

❸ 10と 6で □

できるナビ　けいさんを まちがえずに はやく できるように なるには、まちがえた もんだいを やりなおしたり、なんかいも といたり すると いいよ。

まとめのテスト

じかん **20** ぷん

とくてん　　/100てん

おわったら シールを はろう

1 けいさんを しましょう。

1つ5〔60てん〕

❶ 2+9=〔　〕　　❷ 7+8=〔　〕

❸ 5+6=〔　〕　　❹ 8+3=〔　〕

❺ 6+9=〔　〕　　❻ 3+8=〔　〕

❼ 9+5=〔　〕　　❽ 5+8=〔　〕

❾ 4+7=〔　〕　　❿ 8+9=〔　〕

⓫ 9+4=〔　〕　　⓬ 7+6=〔　〕

2 おやの きりんが 4とう います。こどもの きりんが 8とう います。きりんは ぜんぶで なんとう いますか。

1つ10〔20てん〕

しき〔　　　　　　　　　　　　〕

こたえ（　　　　　　）

3 よくでる きんぎょを 7ひき かって います。4ひき もらい ました。あわせて なんびきですか。

1つ10〔20てん〕

しき〔　　　　　　　　　　　　　　　　〕

こたえ（　　　　　　）

□10の まとまりを つくる ことが できたかな？
□たしざんの けいさんが できるように なったかな？

61

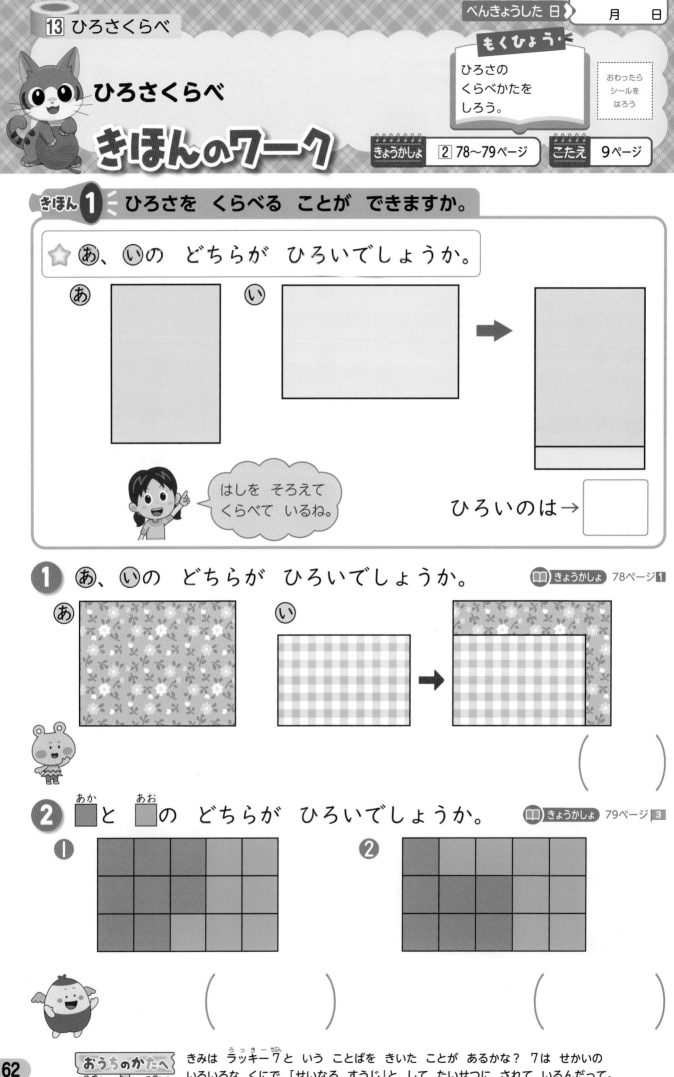

べんきょうした 日 ▶ 月 日

もくひょう
ひろさの
くらべかたを
しろう。

おわったら
シールを
はろう

ひろさくらべ

きほんのワーク

きょうかしょ ② 78〜79ページ　こたえ 9ページ

きほん ① ひろさを くらべる ことが できますか。

☆ あ、いの どちらが ひろいでしょうか。

あ　　　　　　い

→

はしを そろえて
くらべて いるね。

ひろいのは →

① あ、いの どちらが ひろいでしょうか。　きょうかしょ 78ページ 1

あ　　　　　い　　　　　→

（　　　　　）

② あかと あおの どちらが ひろいでしょうか。　きょうかしょ 79ページ 3

①　　　　　　　　②

（　　　　　）　　　（　　　　　）

おうちのかたへ　きみは ラッキー7と いう ことばを きいた ことが あるかな？ 7は せかいの
いろいろな くにで「せいなる すうじ」として たいせつに されて いるんだって。

まとめのテスト

じかん **20** ぷん

とくてん　　　　/100てん

おわったら シールを はろう

1 よくでる あ、いの どちらが ひろいでしょうか。　1つ20〔40てん〕

① あ 　い  →

（　　　）

② あ 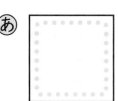　い 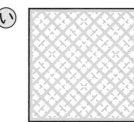 →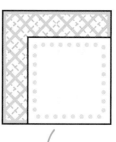

 かさねて みよう。

（　　　）

2 あ、いの どちらが ひろいでしょうか。　〔20てん〕

あ 　い

 えが なんまい あるかな？

（　　　）

3 あか と あお の どちらが どれだけ ひろいでしょうか。　〔40てん〕

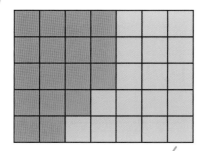

（ ＿＿＿ が □の ＿＿＿ こぶん ひろい。 ）

チェック ✔
□ ひろさくらべを する ことが できたかな？
□ いくつぶんで くらべる ことが できたかな？

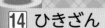

ひきざん ［その1］

もくひょう
9や 8、7を ひく
ひきざんを しよう。

おわったら
シールを
はろう

きほんのワーク

きょうかしょ 2 80～83ページ　　こたえ 10ページ

きほん 1 　9を ひく ひきざんが わかりますか。

☆ 14－9の けいさんの しかたを かんがえます。
□に あてはまる かずを かきましょう。

① 14は 10と ☐

② 10から 9を ひいて ☐

③ 1と 4で ☐

$$14-9=\boxed{}$$

⑩ ④

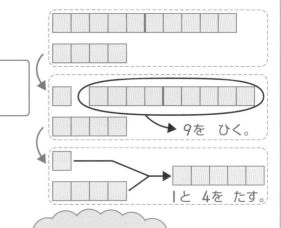

9を ひく。

1と 4を たす。

10の まとまりから
ひいて のこりを
たして いるね。

1 ◯と □に あてはまる かずを かきましょう。

📖 きょうかしょ 81ページ**1**

① $$12-9=\boxed{}$$

⑩ ②

・12は 10と ◯

・10から 9を ひいて ◯

・1と ◯ で 3

② $$15-9=\boxed{}$$

⑩ ⑤

・15は 10と ◯

・10から 9を ひいて ◯

・1と ◯ で 6

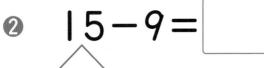 －の まえの かずを 10と いくつに わけて かんがえよう。
わからない ときは ブロックを うごかしながら かんがえて みよう。

⭐ □に あてはまる かずを かいて、ひきざんの
しかたを せつめいしましょう。

13−8=5　・13は 10と □

⑩ ③

・10から 8を ひいて □

13を 10と
3に わければ
いいね。

・2と 3で □

---

2 ◯と □に あてはまる かずを かきましょう。

📖 きょうかしょ 83ページ **2**

❶ 13−9=□

⑩ ③

❷ 12−8=□

⑩ ②

❸ 14−8=□

◯ ◯

❹ 11−7=□

◯ ◯

10の まとまりから ひこう。

---

3 けいさんを しましょう。

📖 きょうかしょ 83ページ **2 3 4**

❶ 16−9=□　❷ 11−8=□　❸ 12−7=□

❹ 17−8=□　❺ 11−9=□　❻ 15−8=□

おうちのかたへ　このような、－の前の数を10といくつに分解し、10からひいて残りをたす方法を減加法
といいます。

65

ひきざん ［その2］

もくひょう
いろいろな
やりかたで
ひきざんを　しよう。

おわったら
シールを
はろう

きほんのワーク

きょうかしょ　②84〜86ページ　　こたえ　10ページ

きほん 1 　11−3を　2つの　やりかたで　けいさんできますか。

☆　11−3の　けいさんを　①、②の　やりかたで
かんがえましょう。

① 11を
10と 1に
わける。

$$11-3$$
10　1

10から　□　を　ひいて 7

7と　□　で　□

② 3を
1と 2に
わける。

$$11-3$$
1　2

□　から 1を　ひいて 10

□　から 2を　ひいて 8

1 　13−5を　2つの　やりかたで　けいさんしましょう。

📖 きょうかしょ 84ページ3

① 13−5=□

10◯

② 13−5=□

3◯

2 　けいさんを　しましょう。

📖 きょうかしょ 84ページ5　85ページ7

① 12−3=□　　② 11−4=□　　③ 12−4=□

④ 16−7=□　　⑤ 14−6=□　　⑥ 15−7=□

さんすうはかせ 　ひきざんの　やりかたを　こえに　だして　せつめいして　ごらん。こえに　だして
せつめいすると　とっても　よく　わかるよ。おうちの　ひとに　きいて　もらおう。

⭐ こたえが おなじに なる カードを あつめて います。
あいて いる カードに はいる しきを かきましょう。

〔3〕　　　　　〔4〕　　　　　〔5〕　　　　　〔6〕

	11－7	11－6	11－5
12－9	12－8		12－6
		13－8	
		14－9	14－8
			15－9

 ならびかたに
きまりが あるかな？

3 カードの こたえを かきましょう。　📖きょうかしょ 86ページ**1**

① 13－5　□
おもて　　うら

② 11－4　□

③ 15－6　□

④ 17－9　□

4 □に あてはまる かずを かいて、こたえが 7に なる
カードを つくりましょう。　📖きょうかしょ 86ページ**1**

① 12－□

② 14－□

③ □－8

④ □－6

おうちのかたへ　これまで学習した減加法に加えて、－の後の数を2つに分けて2回ひく、減減法を学びます。
おもに減加法を学びますが、減減法の方が計算しやすいこともあります。

れんしゅうのワーク

できた かず

／14もん 中

おわったら シールを はろう

きょうかしょ ② 80〜87ページ　こたえ 10ページ

1 ひきざんカード　こたえが おなじに なる カード(か ー ど)を せんで むすびましょう。□に こたえも かきましょう。

12−9　・

14−7　・

12−3　・

13−5　・

11−7　・

・13−9=

・11−8=

・17−9=

・12−5=

・18−9=

2 たしざん　13−6の けいさんを します。□に あてはまる かずを かきましょう。

❶ 13は □ と 3　

❷ 10から □ を ひいて □

❸ 4と 3で □

できる ナビ　けいさんに つよく なるには まちがえた もんだいに ちゅうもくしてみよう。
じぶんが どこで まちがえやすいか きづけたかな？

 まとめのテスト

 じかん **20**ぷん

とくてん　　／100てん

おわったら
シールを
はろう

きょうしょ ②80〜87ページ　　こたえ 11ページ

1 けいさんを しましょう。

1つ5〔60てん〕

① 11−4=◻︎　　② 12−6=◻︎

③ 13−7=◻︎　　④ 11−6=◻︎

⑤ 17−8=◻︎　　⑥ 14−5=◻︎

⑦ 12−8=◻︎　　⑧ 15−7=◻︎

⑨ 15−6=◻︎　　⑩ 13−6=◻︎

⑪ 18−9=◻︎　　⑫ 14−8=◻︎

2 よくでる えんぴつが 12ほん あります。4ほん あげると、
なんぼん のこりますか。

1つ10〔20てん〕

しき ◻︎

こたえ（　　　　　）

3 あかい いろがみが 16まい、あおい いろがみが 8まい
あります。どちらが なんまい おおいでしょうか。

1つ10〔20てん〕

しき ◻︎

こたえ（＿＿＿い いろがみが ＿＿＿まい おおい。）

 チェック✔ □10と いくつに わける ことが できたかな？
　　　　　　□ひきざんの けいさんが できるように なったかな？

69

ふろくの「計算れんしゅうノート」19〜23ページを やろう！

かさくらべ

きほんのワーク

きょうかしょ ② 88〜90ページ　こたえ 11ページ

もくひょう
いれものに はいる みずの おおさを くらべよう。

おわったら シールを はろう

きほん 1 どちらが おおいか わかりますか。

⭐ みずが おおく はいる ほうに ○を かきましょう。

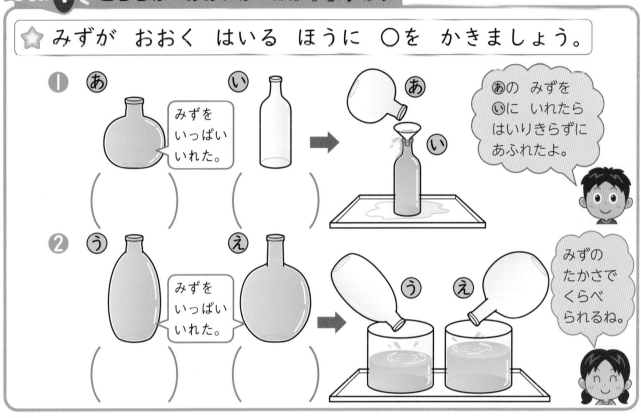

① ⓐ みずを いっぱい いれた。　ⓘ

ⓐ の みずを ⓘ に いれたら はいりきらずに あふれたよ。

② ⓤ みずを いっぱい いれた。　ⓔ

みずの たかさで くらべ られるね。

1 いちばん おおく はいって いるのは どれですか。

ⓚ　ⓜ　ⓝ

みずの たかさは おなじだね。

きょうかしょ 89ページ 1

2 どちらが どれだけ おおく はいりますか。

きょうかしょ 89ページ 2

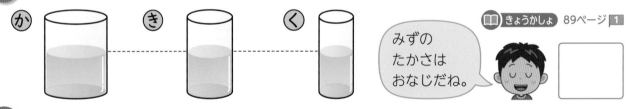

ⓢは 🥛で [　] はい　　ⓛは 🥛で [　] はい

▶  [　] の ほうが、カップ [　] はいぶん おおく はいる。

おうちのかたへ　かさ（量）の比べかたを学習します。移しかえて比べる方法、同じ物に入れかえ、その何杯分で比べる方法を学びます。これは2年生のかさの単位（dL、L、mL）の学習へとつながります。

まとめのテスト

きょうしょ　② 88〜90ページ　　こたえ　11ページ

じかん **20** ぷん

とくてん

／100てん

おわったら
シールを
はろう

1 みずが おおく はいる じゅんに かきましょう。　〔25てん〕

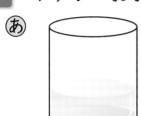
あ

い

う

どれが いちばん
おおいかな？

(　　→　　　　→　　)

2 よくでる いれものに はいる みずを おなじ カップに
いれたら、したの ように なりました。　　1つ15〔75てん〕

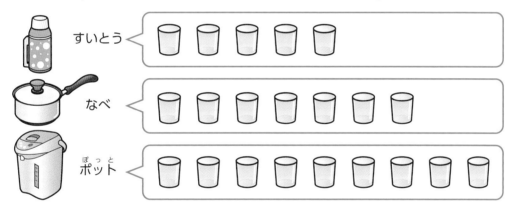
すいとう

なべ

ぽっと
ポット

① それぞれの いれものには、カップで なんばいぶんの
みずが はいりますか。

●すいとう　　　　　●なべ　　　　　●ポット

□ はい　　　　　□ はい　　　　　□ はい

② みずが いちばん おおく はいるのは
どれですか。　　　　　　　(　　　　　)

③ みずが **2** ばんめに おおく はいるのは
どれですか。　　　　　　　(　　　　　)

チェック　✔　□ かさの くらべかたが わかったかな？
　　　　　　　　□ みずを いれものに いれかえて くらべる ことが できたかな？

71

いろいろな かたち

きほんのワーク

もくひょう
みの まわりに ある
はこや つつの かたち、
ボールの かたちを しろう。

おわったら
シールを
はろう

きょうかしょ ② 91〜95ページ　　こたえ 11ページ

きほん 1 にている かたちが わかりますか。

⭐ みぎの はこと にている かたちを
えらんで、（ ）に ○を かきましょう。

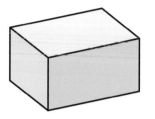

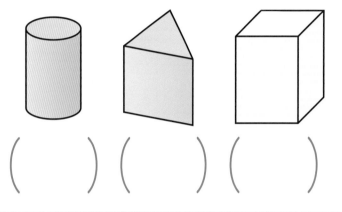

（　　　）（　　　）（　　　）

まるや
さんかくが
あるかな？

1  の なかまには ○を、 の なかまには □を
かきましょう。

きょうかしょ 93ページ ②

（　　　）（　　　）（　　　）（　　　）（　　　）

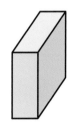 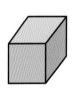 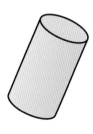 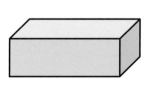

（　　　）（　　　）（　　　）（　　　）（　　　）

さんすうはかせ ティッシュペーパーの あきばこが あったら、はさみを つかって きりひらいて
ごらん。どんな かたちに なるかな。はさみは おうちの ひとと つかおうね。

⭐ かたちを かみに うつしました。うつした
かたちを せんで むすびましょう。

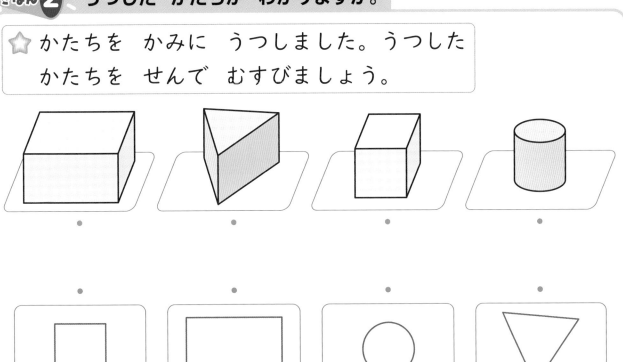

2 したの かたちから うつしとれる かたちを ぜんぶ
えらびましょう。

📖 きょうかしょ 94ページ3

ⓐ   ⓘ   ⓤ   ⓔ

どの かたちが
かけるかな？

(   )

3 うまの かたちを つくりました。つかった かたちは、
みぎの ⓐ、ⓘ、ⓤ、ⓔの うち どれですか。ぜんぶ
えらびましょう。

📖 きょうかしょ 91ページ1

ⓐは
さいころの
かたち
だね。

ⓐ

ⓘ

ⓤ

ⓔ

(   )

おうちのかたへ 　身のまわりにある立体の形を学習します。箱の形、さいころの形、筒の形、ボールの形について、仲間に分けたり、転がるなどの特徴を知ったりすることがねらいです。

73

れんしゅうのワーク

きょうかしょ ② 91〜95ページ　こたえ 11ページ

べんきょうした 日 〉 　月　日

できた かず

／3もん 中

おわったら
シールを
はろう

1 ころがる かたち　したの かたちの なかで、ころがる ものに ぜんぶ ○を かきましょう。

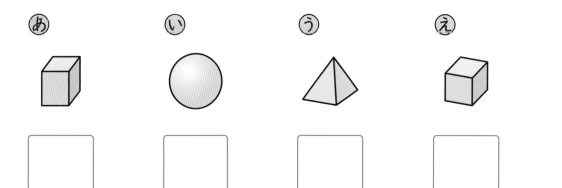

あ　い　う　え　お

2 つみき　したの かたちの なかで、べつの つみきを うえに つむ ことが できる ものに ぜんぶ ○を かきましょう。

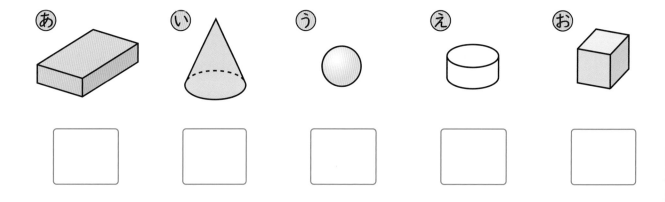

あ　い　う　え　お

3 はこの かたち　したの かたちから うつしとれる かたちに ぜんぶ ○を かきましょう。

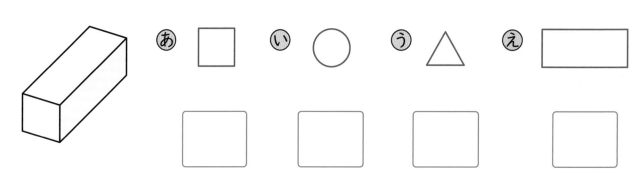

あ　い　う　え

できる ナビ　みの まわりに ある ものから ころがる かたち、つむ ことが できる かたち、まるい かたち、しかくい かたちを みつけて みよう。

まとめのテスト

きょうかしょ ② 91〜95ページ こたえ 11ページ

1 よくでる したの かたちを みて、あから けで こたえましょう。

1つ20〔60てん〕

あ い う え

お か き く け

☐ の なかま   ⬭ の なかま   ◯ の なかま

2 かたちを うつして ❶、❷、❸の えを かきました。
つかった かたちを あ、い、うで こたえましょう。 1つ10〔30てん〕

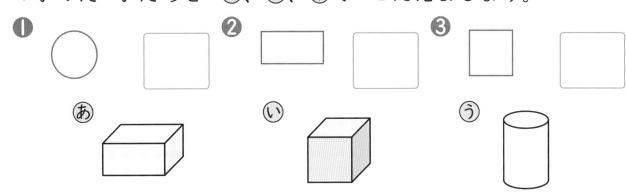

❶ ❷ ❸

あ い う

3 したの かたちから うつしとれる かたちを ぜんぶ
えらびましょう。

〔10てん〕

あ ◯ い △ う ☐ え ▭

( )

チェック
☐ かたちの なかまわけが できたかな?
☐ かたちを うつして えを かく ことが できたかな?

75

大きな かず [その1]

もくひょう
大きな かずの
かぞえかたと
かきかたを しろう。

おわったら
シールを
はろう

きほんのワーク

きょうかしょ ② 97〜100ページ　　こたえ 11ページ

きほん 1 大きな かずを かく ことが できますか。

☆ 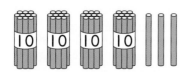 の かずを、すうじで かきましょう。

10が 4こで ▢

40と 3で よんじゅうさんです。

十のくらい じゅう	一のくらい いち
▢	▢

10の たばの かずは
十のくらいに、ばらの かずは
一のくらいに かくんだね。

1 かずを かきましょう。

📖 きょうかしょ 97ページ 1

①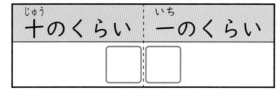

十のくらい	一のくらい
▢	▢

②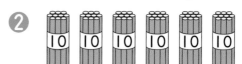

十のくらい	一のくらい
▢	▢

2 かずを かきましょう。

📖 きょうかしょ 99ページ 1

①

 ▢

②  ▢

さんすうはかせ 1が 10こ あつまると 「10」と いう まとまりに なり、10が 10こ
あつまると 「100」と いう まとまりに なるよ。

☆ □に あてはまる かずを かきましょう。

❶ 十のくらいが 5、一のくらいが 8の かずは □

❷ [10] が 7つ、| が 3つで □

10の まとまりと
1が いくつかと
かんがえれば いいね。

十のくらい	一のくらい
7	3

❸ □に あてはまる かずを かきましょう。 📖きょうかしょ 99ページ❷ 100ページ❷❸

❶ 85の 十のくらいの すうじは □ で、

一のくらいの すうじは □ です。

❷ 70の 十のくらいの すうじは □ で、

一のくらいの すうじは □ です。

❸ 10を 6こ あつめた かずは □ です。

❹ 10を 8こと、1を 9こ あわせた かずは □ です。

❹ □に あてはまる かずを かきましょう。 📖きょうかしょ 100ページ❹

❶ 90は 10を □ こ あつめた かずです。

❷ 64は 10を □ こと、1を □ こ あわせた

かずです。

おうちのかたへ 十進法の考えで数を表すことを学びます。十の位、一の位の用語と考え方はとても重要です。
空位の0の意味や役目をしっかりと理解しましょう。

77

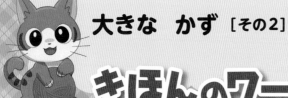

大きな かず [その2]

きほんのワーク

きほん 1 100の かずの 大きさや いみが わかりますか。

☆ たまごの かずを かきましょう。

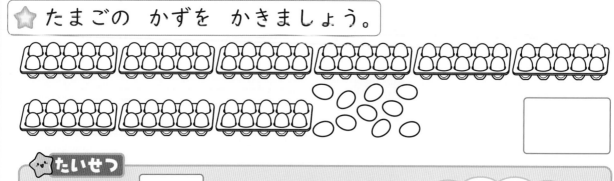

たいせつ

99より ｜ 大きい かずを

100と かいて 百と よみます。

100は 10を 10 こ あつめた かずです。

1 かずを かきましょう。　きょうかしょ 102ページ 5

❶ ☐ まい

❷ ☐ 本

❸ ☐ 円

2 ☐に あてはまる かずを かきましょう。　きょうかしょ 103ページ 5

80	81	82	83	84		86	87	88	89
90	91		93	94	95	96	97		99

 さんすうはかせ　百より 大きな かずも あるよ。百が 10こで 千、千が 10こで 1万に なるよ。
しって いるかな。2ねんせいに なったら がくしゅうするよ。

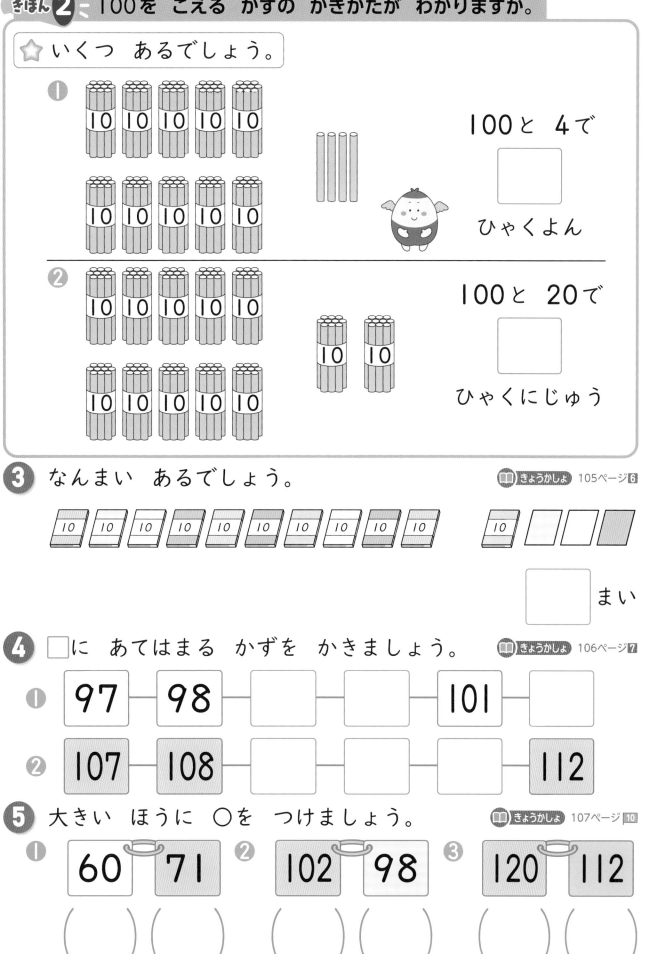

きほん2 100を こえる かずの かきかたが わかりますか。

☆ いくつ あるでしょう。

① 100と 4で

ひゃくよん

② 100と 20で

ひゃくにじゅう

③ なんまい あるでしょう。 📖 きょうかしょ 105ページ 6

□ まい

④ □に あてはまる かずを かきましょう。 📖 きょうかしょ 106ページ 7

① 97 — 98 — □ — □ — 101 — □

② 107 — 108 — □ — □ — □ — 112

⑤ 大きい ほうに ○を つけましょう。 📖 きょうかしょ 107ページ 10

① 60 71

② 102 98

③ 120 112

( ) ( ) ( ) ( ) ( ) ( )

おうちのかたへ 100という数を学んだ上で、120程度までの数の並び方、書き方、大きさを学習していきます。2年生では、1000、10000を学習します。

大きな かず [その3]

もくひょう
大きな かずの
たしざんと ひきざんを
しよう。

おわったら
シールを
はろう

きほんのワーク

きょうかしょ ② 108〜110ページ　こたえ 12ページ

きほん 1 大きな かずの けいさんの しかたが わかりますか。

⭐ けいさんを しましょう。

❶ 30+40＝ ⬜　

10の たばで
かんがえれば
いいね。

❷ 70−20＝ ⬜　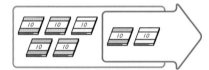　

1 たしざんを しましょう。　📖 きょうかしょ 109ページ 1

① 30+20＝ ⬜　② 20+60＝ ⬜

③ 10+30＝ ⬜　④ 40+60＝ ⬜

⑤ 70+30＝ ⬜　⑥ 20+80＝ ⬜

2 ひきざんを しましょう。　📖 きょうかしょ 109ページ 2

① 40−10＝ ⬜　② 80−30＝ ⬜

③ 70−30＝ ⬜　④ 90−60＝ ⬜

⑤ 100−40＝ ⬜　⑥ 100−50＝ ⬜

⑦ 100−70＝ ⬜　⑧ 100−10＝ ⬜

さんすうはかせ 1は にんずうを かぞえると 「ひとり」、かずを かぞえると 「ひとつ」、とけいを よむ
と 「いっぷん」と、よみかたが かわって おもしろいね。

☆ 45は 40と 5です。

□に あてはまる かずを かきましょう。

❶ 40に 5を たした かず

$40+5=$ 〔 　 〕

❷ 45から 5を ひいた かず

$45-5=$ 〔 　 〕

3 たしざんを しましょう。　　　　　　　　　　　　　 きょうかしょ 109ページ **3**

❶ $30+4=$ 〔 　 〕　　　❷ $7+60=$ 〔 　 〕

❸ $45+3=$ 〔 　 〕　　　❹ $6+42=$ 〔 　 〕

4 ひきざんを しましょう。　　　　　　　　　　　　　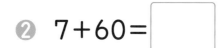 きょうかしょ 109ページ **4**

❶ $46-6=$ 〔 　 〕　　　❷ $74-4=$ 〔 　 〕

❸ $65-3=$ 〔 　 〕　　　❹ $57-2=$ 〔 　 〕

5 68に ついて、□に かずを かきましょう。　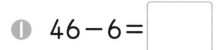 きょうかしょ 110ページ **1**

❶ 68は 10を 〔 　 〕 こと、1を 8こ あわせた かずです。

❷ 68は 60と 〔 　 〕 を あわせた かずです。

❸ 68は 〔 　 〕 の つぎの かずです。

❹ 68は 70より 〔 　 〕 小_{ちい}さい かずです。

おうちのかたへ　2けたの数のたし算、ひき算です。❸❹は、十の位へのくり上がり、十の位からのくり下がりのないたし算とひき算です。

れんしゅうのワーク

1 かずの ならびかた　□に あてはまる かずを かきましょう。

① 71　72　□　74　□　□　77　78

② 30　40　□　60　□　80　90　□

③ 63より 4 大きい かず □

④ 95より 2 小さい かず □

⑤ 58より 5 大きい かず □

③は かずのせんで かんがえると いいね。63+4と かんがえ ても いいよ。

50　60　70　80　90　100

2 かずの 大きさ　かずの 大きい じゅんに ならべかえます。
□に あてはまる かずを かきましょう。

| 37 | 91 | 100 | 54 | 79 |

100 → □ → □ → □ → □

3 大きな かずの けいさん　🧽と ✏️ で なん円ですか。
40円　30円

しき □　こたえ（　）

できる ナビ　「63より 4 大きい かず」や 「95より 2 小さい かず」は、
かずのせんを みながら かんがえると いいよ。

まとめのテスト

1 かずを かきましょう。

1つ10〔20てん〕

①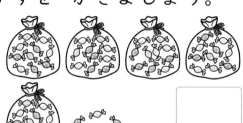

②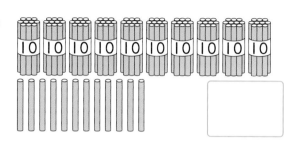

2  □に あてはまる かずを かきましょう。

1つ8〔40てん〕

① 10を 4こと、1を 9こ あわせた かずは □ です。

② 80は 10を □ こ あつめた かずです。

③ 十（じゅう）のくらいが 9、一（いち）のくらいが 7の かずは □

④

100　　　110　　　120

3 けいさんを しましょう。

1つ5〔40てん〕

① 70+10=□

② 40+60=□

③ 60−30=□

④ 100−20=□

⑤ 40+5=□

⑥ 54−4=□

⑦ 67−4=□

⑧ 78−3=□

□大きな かずが わかったかな？
□大きな かずの たしざん ひきざんが できたかな？

83

ふろくの「計算れんしゅうノート」24・25ページを やろう！

なんじなんぷん

きほんのワーク

もくひょう
とけいの よみかた
(なんじなんぷん)を
しろう。

おわったら
シールを
はろう

きょうかしょ ② 112〜116ページ　こたえ 12ページ

きほん 1 とけいの よみかたが わかりますか。

☆ なんじなんぷんですか。

みじかい はりが
・7と 8の あいだ → 7じ
・ながい はりが 3 → 15ふん

☐ じ ☐ ふん

みじかい はりで なんじ、
ながい はりで
なんぷんを よむんだね。

1 なんじなんぷんですか。

📖 きょうかしょ 114ページ1

①

みじかい はりが
3と 4の あいだ
だから…。

（　　　　　）

②

ながい はりの
2は 10ぷん
だから…。

（　　　　　）

③

（　　　　　）

④

（　　　　　）

 1じかんは 60ぷん、1ぷんは 60びょう(どちらも このあと ならうよ)。びょうと
ふん、じかんは 60ごとに いいかたが かわるね。

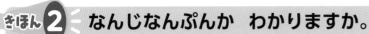

⭐ なんじなんぷんですか。

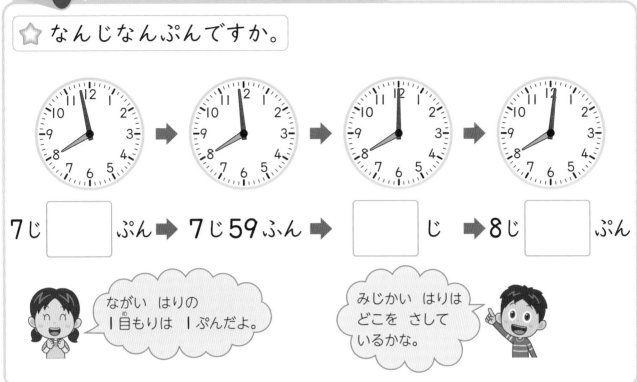

7じ[　]ぷん ➡ **7**じ**59**ふん ➡ [　]じ ➡ **8**じ[　]ぷん

ながい はりの
1目もりは 1ぷんだよ。

みじかい はりは
どこを さして
いるかな。

2 せんで むすびましょう。

📖 きょうかしょ 116ページ 4

| 3じ45ふん | 4じ50ぷん | 7:18 | 10:45 |

3 なんじなんぷんですか。

📖 きょうかしょ 114ページ 1

① 11じ5ふん
かな？

（　　　　　）

② 6じ57ふん
かな？

（　　　　　）

おうちのかたへ　時刻を何時何分まで読めるようにします。時計を正確に読めないお子さんが多いので、
日頃から時計を見ることを習慣づけるようにしましょう。

れんしゅうのワーク

べんきょうした 日　月　日

できた かず　/10もん 中

おわったら シールを はろう

---

1 とけいの よみかた　なんじなんぷんですか。

① 　② 　③

（　　　　　）（　　　　　）（　　　　　）

---

2 ながい はり　ながい はりを かきましょう。

① 1じ45ふん　② 9じ20ぷん　③ 6じ3ぷん

チャレンジ！ **3** なんじなんぷん　せんで むすびましょう。

・　・　・　・

・　・　・　・

6:15　8:15　7:15　9:15

できるナビ　はりの ある とけいの ほかに、デジタルの とけいも あるよ。いろいろな とけいを よめる ように なろう。

まとめのテスト

とくてん

/100てん

おわったら シールを はろう

きょうかしょ ② 112〜116ページ　　こたえ 13ページ

1 なんじなんぷんですか。

1つ10〔40てん〕

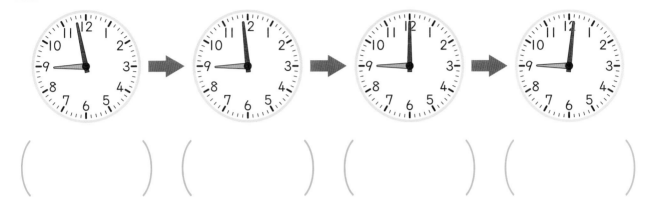

( )　　( )　　( )　　( )

2 よくでる なんじなんぷんですか。

1つ10〔60てん〕

ふろくの「計算れんしゅうノート」27ページを やろう！

□ ながい はりで なんぷんが よめるように なったかな？
□ なんじなんぷんを よむ ことが できたかな？

ずを つかって かんがえよう [その1]

きほんのワーク

きほん 1 なん人 いるか わかりますか。

☆ あおいさんは まえから 7ばん目に います。
あおいさんの うしろには 3人 います。
みんなで なん人 いますか。
( )に かずを かいて こたえましょう。

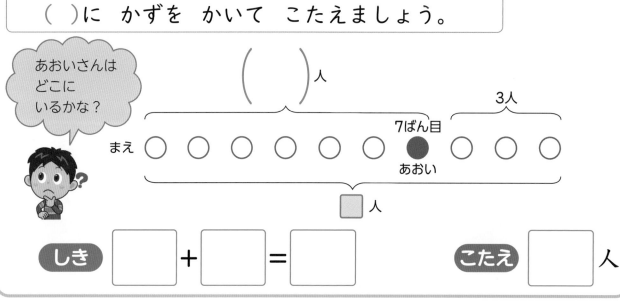

あおいさんは どこに いるかな？

( )人

3人

まえ ○ ○ ○ ○ ○ ○ ● ○ ○ ○

7ばん目
あおい

□人

しき [ ] + [ ] = [ ]　こたえ [ ]人

1 バスていに 12人 ならんで います。はるとさんは
まえから 4ばん目です。はるとさんの うしろには
なん人 いますか。

きょうかしょ 117ページ 1

( )人

まえ ○ ○ ○ ● ○ ○ ○ ○ ○ ○ ○ ○

4ばん目
はると

( )人

□人

( )に かず を かいて かんがえよう。

しき [ ]　こたえ [ ]人

さんすうはかせ ぶんしょうだいを とく ときは、ずに かいて かんがえよう。❶の もんだいみたいに
●を つかって あらわすと わかりやすいね。

☆ 5人に ボールを 1こずつ あげました。
ボールは まだ 2こ あります。
ボールは ぜんぶで なんこ ありましたか。

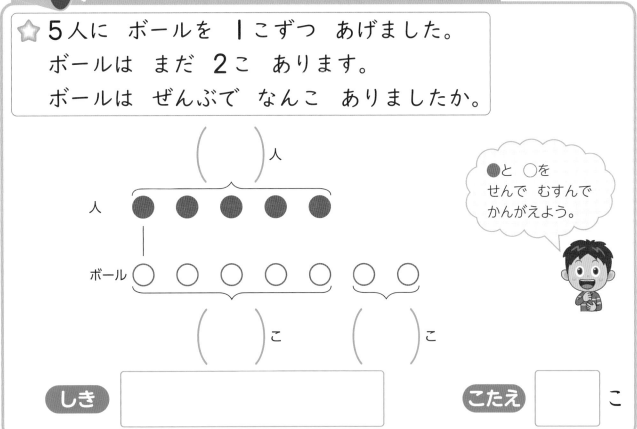

●と ○を
せんで むすんで
かんがえよう。

しき

こたえ ［ ］ こ

2 プリンが 9こ あります。
6人が 1こずつ たべると
なんこ のこりますか。

📖 きょうかしょ 121ページ **2**

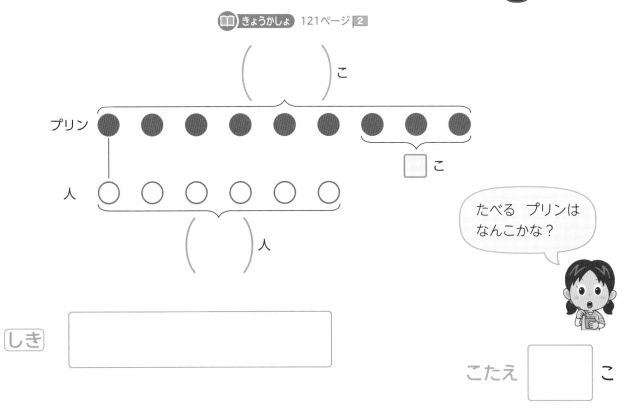

たべる プリンは
なんこかな？

しき

こたえ ［ ］ こ

ずを つかって かんがえよう [その2]

もくひょう
かずの ちがいや
ならびかたに 気を
つけて かんがえよう。

おわったら
シールを
はろう

きほんのワーク

きょうかしょ ② 122～123ページ　こたえ 13ページ

きほん 1 かずの ちがいを ずに かく ことが できますか。

☆ プリンを 7こ かいます。ゼリーは プリンより 5こ おおく かおうと おもいます。ゼリーは なんこ かえば よいでしょうか。

プリン

（　）こ

ゼリー

（　）こ おおい

□こ

しき

こたえ □ こ

1 みかんを 12こ かいます。りんごは みかんより 4こ すくなく かおうと おもいます。りんごは なんこ かえば よいでしょうか。

きょうかしょ 123ページ 5

みかん

（　）こ

りんご

□こ

（　）こ すくない

しき

こたえ □ こ

さんすうはかせ　さいころを しってる？ さいころには 1から 6までの しるしが ある。1の はんたいがわは 6、2の はんたいがわは 5、3の はんたいがわは 4に なって いるよ。

まとめのテスト

きょうかしょ ② 117〜124ページ　こたえ 13ページ

じかん 20 ぷん

とくてん

/100てん

おわったら シールを はろう

1 赤い 花を 6本 うえます。きいろい 花は、赤い 花より 5本 おおく うえようと おもいます。きいろい 花は なん本 うえれば よいでしょうか。（　）1つ5・しき10・こたえ10〔30てん〕

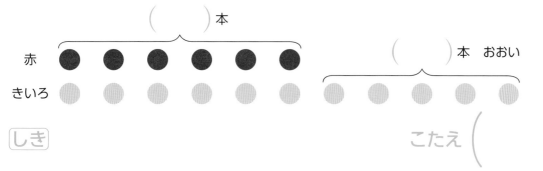

（　　　）本

赤

（　　　）本 おおい

きいろ

しき

こたえ （　　　　　　　　）

2 5人が けんばんハーモニカを ふいて います。 けんばんハーモニカは、あと 4こ あります。 けんばんハーモニカは、ぜんぶで なんこ ありますか。

（　）1つ5・しき10・こたえ10〔35てん〕

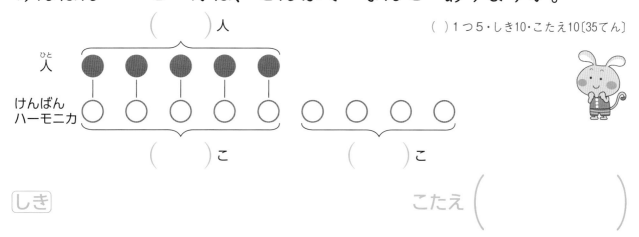

（　　　）人

人

けんばん ハーモニカ

（　　　）こ　　　（　　　）こ

しき

こたえ （　　　　　　　　）

3 ひなさんの まえには 7人 います。うしろにも 7人 います。みんなで なん人 いますか。（　）1つ5・しき15・こたえ10〔35てん〕

（　　　）人　　　　　　　　　（　　　）人

まえ

しき

こたえ （　　　　　　　　）

 チェック ☑️ □ もんだいを ずに あらわして かんがえる ことが できたかな？
□ かずの ちがいや ならびかたを かんがえる ことが できたかな？

もくひょう

かたちづくりの
おもしろさを
しろう。

おわったら
シールを
はろう

かたちづくり

きほんのワーク

きょうかしょ ② 126〜130ページ　　こたえ 14ページ

きほん 1 いろいたを どのように ならべたか わかりますか。

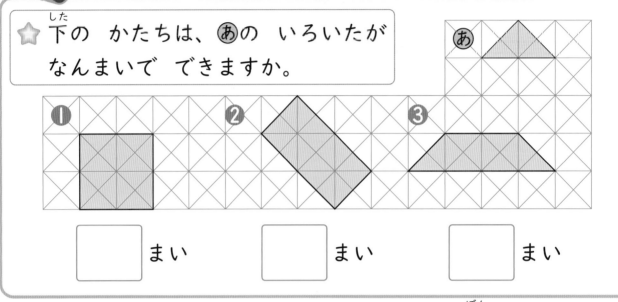

☆ 下の かたちは、あの いろいたが
なんまいで できますか。

①　②　③

あ

◻ まい　　◻ まい　　◻ まい

1 下の かたちは、いの かぞえぼうを なん本
つかって いますか。

📖 きょうかしょ 129ページ 3

い ▬

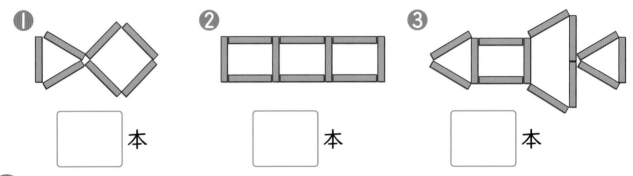

①　②　③

◻ 本　　◻ 本　　◻ 本

2 ・と ・を せんで つないで、いろいろな かたちを
つくりましょう。

📖 きょうかしょ 130ページ 4

おうちのかたへ 色板や、かぞえ棒を使って、形づくりをします。何枚の色板でできているか考えたり、点をつ
ないで形を作ったりすることで、図形に対する興味、関心を養いましょう。

まとめのテスト

1 よくでる 下の　かたちは、あの　いろいたが　なんまいで できますか。

1つ10〔60てん〕

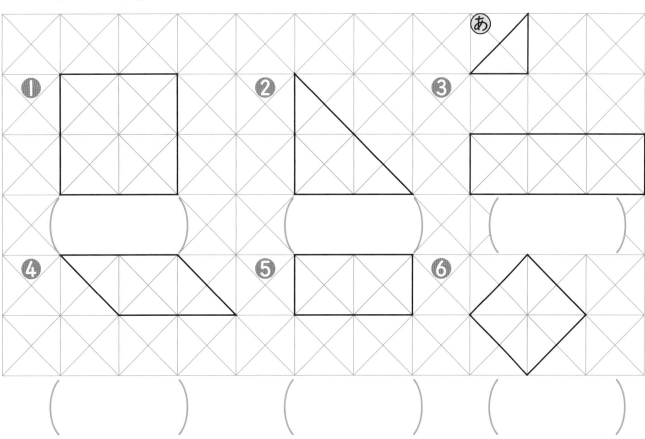

（　　　　　）　　（　　　　　）　　（　　　　　）

2 ・と ・を せんで つないで、かたちづくりを します。 すきな　かたちを　1つ　つくり、なまえも かんがえましょう。

〔40てん〕

あなたの つくった かたちの なまえは？

（　　　　　　　）

□ いろいたを　ならべて　かたちづくりが　できたかな？
□ ・と ・を　つないで、かたちが　つくれたかな？

93

まとめのテスト❶

じかん 20 ぷん

とくてん

/100てん

おわったら
シールを
はろう

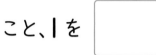

きょうかしょ ② 134〜135ページ　こたえ 14ページ

1 よくでる □に あてはまる かずを かきましょう。

1つ5〔20てん〕

❶ 10を 8こと、1を 3こ あわせた かずは □ です。

❷ 67は 10を □ こと、1を □ こ あわせた かずです。

❸ 10を □ こ あつめた かずは 100です。

2 けいさんを しましょう。

1つ5〔60てん〕

❶ 7+3+8= □

❷ 15−5−3= □

❸ 9−3= □

❹ 5+7= □

❺ 11−4= □

❻ 13−6= □

❼ 50+30= □

❽ 70+8= □

❾ 63+6= □

❿ 90−20= □

⓫ 100−40= □

⓬ 88−3= □

3 プリンを 8こ かいました。ドーナツは プリンより 5こ
おおく かいました。ドーナツは なんこ かいましたか。

しき

1つ10〔20てん〕

こたえ (   )

チェック ✓
□大きな かずが わかったかな?
□けいさんや しきを かく ことが できたかな?

まとめのテスト❷

1 よくでる 赤い いろがみが 13まい、青い いろがみが 6まい あります。

しき10・こたえ5〔30てん〕

① あわせて なんまい ありますか。

しき　　　　　　　　　　　　　　こたえ (　　　　)

② ちがいは なんまいですか。

しき　　　　　　　　　　　　　　こたえ (　　　　)

2 ◺ が なんまいで できますか。

1つ10〔30てん〕

① (　　) まい　② (　　) まい

③ (　　) まい

3 よくでる なんじなんぷんですか。

1つ10〔30てん〕

① (　　　　)　② (　　　　)　③ (　　　　)

4 どちらが ながいでしょう。

〔10てん〕

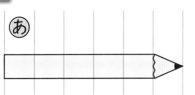 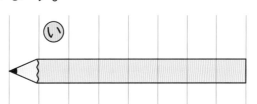

(　　　　)

ふろくの「計算れんしゅうノート」28・29ページを やろう！

 チェック ✔ □ もんだいを よんで しきを かく ことが できたかな？
□ とけいを ただしく よむ ことが できたかな？

95

● プログラミングにちょうせん！

べんきょうした 日 ▶　　月　　日

おわったら
シールを
はろう

きょうかしょ ② 132〜133ページ　　こたえ 14ページ

きほん 1　めいれいを だして うごかす ことが できますか。

⭐ めいれいカードを つかって、ロボットを
ゴールさせましょう。

❶ ロボットを バナナまで
すすめるには、㋐と ㋑の
どちらの カードを
つかえば いいですか。

㋐ | 1ます すすむ |

㋑ | 2ます すすむ |　（　　）

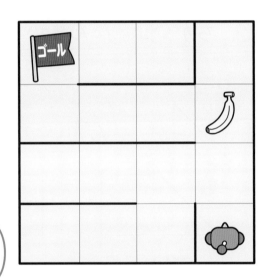

❷ ↓の じゅんに めいれいカードを
つかいます。バナナを ひろって
ゴールを めざすには、㋕、㋖には
どんな かずを 入れれば
よいですか。

> 2ます すすんだ
> バナナの ところで
> 左に まわって…。

㋕（　　）

㋖（　　）

| 2ます すすむ |

| 左に まわる |

| ㋕ます すすむ |

| 右に まわる |

| ㋖ます すすむ |

おうちのかたへ　数や左右を使って物の位置や移動のしかたを表す方法を考えることで、プログラミング的思考力を養います。ロボットを動かす方法について、色々な表し方を考えてみましょう。

夏休みのテスト②

じつりょくはんてい テスト

なまえ

じかん 30ぷん

とくてん

/100てん

べんきょうした日　月　日

べんきょうした　1 4〜2 31ページ　こたえ 15ページ

おわったら
シールを
はろう

---

1 たしざんを しましょう。　1つ5[30てん]

① 4+3=□

② 5+4=□

③ 1+6=□

④ 9+1=□

⑤ 3+7=□

⑥ 8+0=□

2 ひきざんを しましょう。　1つ5[30てん]

① 7-3=□

② 9-2=□

③ 6-5=□

④ 10-3=□

⑤ 8-8=□

⑥ 6-0=□

---

3 くだものの かずだけ ぬりました。　1つ5[20てん]

① いちばん おおい くだものは
どれですか。

（　　　）

② みかんは
なんこですか。

（　　　）

③ バナナは
なんぼんですか。

（　　　）

④ メロンは りんごより なんこ
おおいでしょうか。

（　　　）

4 あかい はなが 3ぼん、きいろい
はなが 5ほん さいて います。
はなは ぜんぶで なんぼん さいて
いますか。　しき5・こたえ5[10てん]

しき

こたえ（　　　）

5 あかい おりがみが 8まい
あります。みどりの おりがみが
6まい あります。あかい おりがみは
みどりの おりがみより なんまい
おおいでしょうか。　しき5・こたえ5[10てん]

しき

こたえ（　　　）

算数 1年 大日 ① ウラ

夏休みのテスト①

なつやすみ

楽しく はんテスト

●べんきょうした日　月　日

なまえ

とくてん　　/100てん

じかん 30ぷん

きょうかしょ ①4〜②31ページ　こたえ 15ページ

---

1 かずを かきましょう。　1つ5[10てん]

2 かずを かきましょう。　1つ5[20てん]

① 1 │ □ │ 3 │ □ │ 5 │ 6

② 10 │ 9 │ □ │ 7 │ □ │ 5

3 おおきい ほうに ○を かきましょう。　1つ5[20てん]

①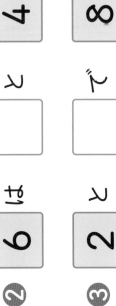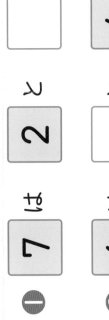

②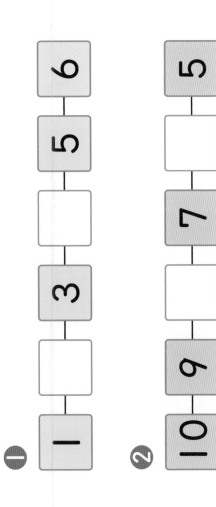

③ 6 ( ) 7

④ 8 ( ) 5

---

4 ○で かこみましょう。　1つ5[10てん]

① まえから 3にん

② まえから 3にんめ

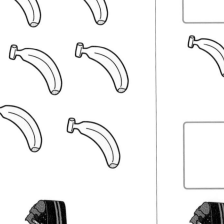 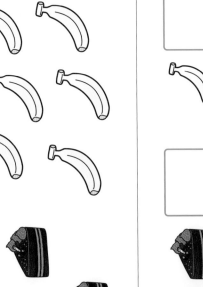 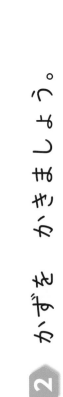

5 □に あてはまる かずを かきましょう。　1つ5[40てん]

① 7は 2 と □

② 6は □ と 4

③ 2 と □ で 8

④ □ と 7 で 10

⑤ 9は 3 と □

⑥ 10は □ と 6

⑦ 4 と □ で 9

⑧ □ と 5 で 8

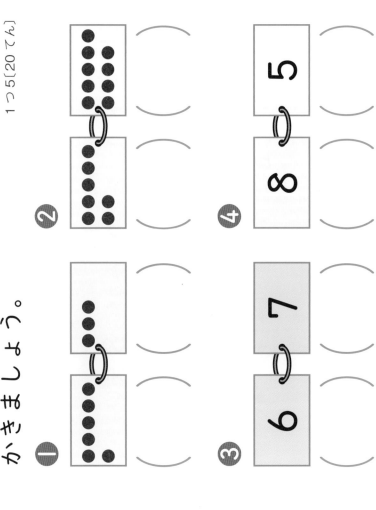

冬休みのテスト①

なまえ

とくてん　／100てん

こたえ　15ページ

きょうかしょ　②33〜95ページ

じかん 30ぷん

おわったら シールを はろう

1 かずを かきましょう。　1つ5[10てん]

① 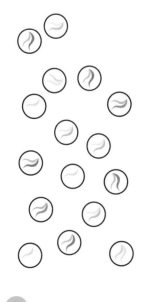 □

② 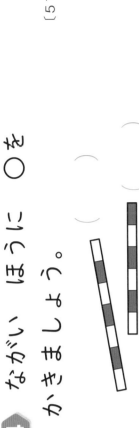 □

2 とけいを よみましょう。　1つ10[20てん]

① （　）

② （　）

3 おなじ かたちの なかまを せんで むすびましょう。　1つ5[20てん]

4 ながい ほうに ○を かきましょう。　[5てん]

5 みずが おおく はいる ほうに ○を かきましょう。　1つ5[10てん]

①　（　）　（　）

② 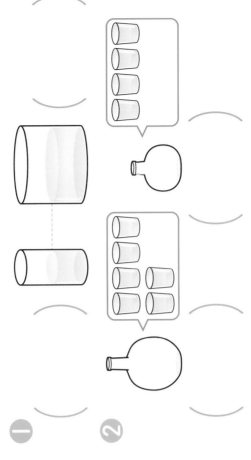（　）　（　）

6 □に あてはまる かずを かきましょう。　1つ5[15てん]

① 10　11　□　13　14　15

② 10　□　12　□　16　□　20

7 □に あてはまる かずを かきましょう。　1つ5[20てん]

① 11より 4 おおきい かずは □ です。

② 15より 2 ちいさい かずは □ です。

③ 10と 8で □

④ 20は 10と □

●べんきょうした日　月　日

なまえ

とくてん
/100てん

きょうかしょ　② 33〜95ページ
こたえ　15ページ

じかん 30ぷん

おわったら
シールを
はろう

1 たしざんを しましょう。　1つ5[30てん]

① 10+6

② 12+5

③ 8+7

④ 5+6

⑤ 4+8

⑥ 3+9

2 ひきざんを しましょう。　1つ5[30てん]

① 18−8

② 19−3

③ 13−5

④ 11−7

⑤ 14−6

⑥ 12−4

3 けいさんを しましょう。　1つ5[20てん]

① 2+5+1

② 3+7−5

③ 16−6−3

④ 10−9+4

4 めだかを 8ひき かって います。
4ひき もらいました。
あわせて なんびきですか。
　しき5・こたえ5[10てん]

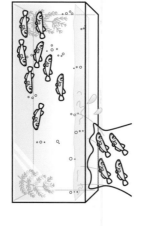

しき

こたえ（　　　）

5 そうまさんは カードを 15まい
もって いました。おとうとに
7まい あげました。のこりは
なんまいですか。
　しき5・こたえ5[10てん]

しき

こたえ（　　　）

1 けいさんを しましょう。

1つ3[60てん]

① 4+2

② 8+7

③ 17−8

④ 13−7

⑤ 9+6

⑥ 20+5

⑦ 0+0

⑧ 11−8

⑨ 13+3

⑩ 30+60

⑪ 17−5

⑫ 68−8

⑬ 7−7

⑭ 5+6

⑮ 12−9

⑯ 90−60

⑰ 4+2+4

⑱ 10−2−5

⑲ 16−6+3

⑳ 12+5−4

じかん 30ぷん

なまえ

とくてん ／100てん

べんきょうした日 月 日

おわったら シールを はろう

きょうかしょ 1 4〜12 133ページ
こたえ 16ページ

2

① みんなで なん人 いますか。

こどもが 12人 います。おとなが 7人 います。

しき5・こたえ5[20てん]

こたえ（ 　　　　 ）

② どちらが なん人 おおいでしょうか。

しき5・こたえ5[10てん]

こたえ（ 　　　　 ）

3

りんごが 14こ あります。6こ たべると、のこりは なんこに なりますか。

しき5・こたえ5[10てん]

こたえ（ 　　　　 ）

4

いろがみを 30まい もっています。おとうさんに 40まい もらうと、ぜんぶで なんまいに なりますか。

しき5・こたえ5[10てん]

こたえ（ 　　　　 ）

学年末のテスト①

（学力しんだんテスト）

1 かずを かきましょう。　1つ5[10てん]

① 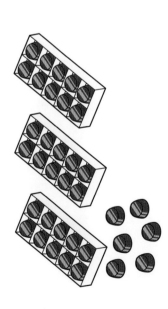　[　]

② 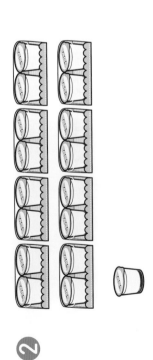　[　]

2 □に あてはまる かずを かきましょう。[1つ5[30てん]]

① 92 [　] [　] 95 [　] 97

② 60 [　] 80 90 [　]

3 なんじなんぷんですか。　1つ10[20てん]

① 　（　　　）

② 　（　　　）

4 下の かたちは、あ の いろいたが なんまいで できますか。　1つ5[10てん]

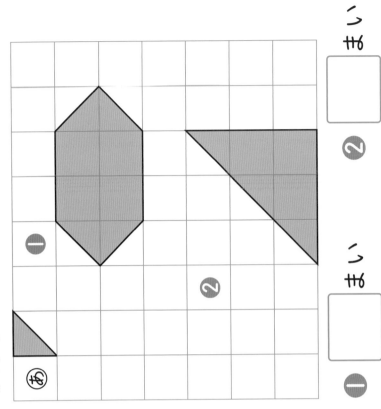

① [　] まい　　[　] まい

② [　] まい

5 □に あてはまる かずを かきましょう。　1つ5[30てん]

① 十のくらいが 7、一のくらいが 4の かずは [　] です。

② 10を 4こと、1を 6こ あわせた かずは [　] です。

③ 63は 10を [　]こと、1を 3こ あわせた かずです。

④ 10が 10こで [　] です。

⑤ 59より 1 大きい かずは [　] です。

⑥ 95より 4 小さい かずは [　] です。

じかん 30ぷん

まるごと ぶんしょうだい 文章題テスト①

さいしゅうはんていテスト

いろいろな文章題にチャレンジしよう！

1

まみさんの まえには 3人 います。
うしろには 6人 います。
みんなで なんにん いますか。

〔 5・しき10・こたえ5〔20てん〕〕

まえ ○○○○● ○○○○○○
　　　　　人　　　6人

しき

こたえ（　　　　　）

2

ケーキが 14こ あります。
プリンが 5こ あります。

① あわせて なんこ あります か。

しき10・こたえ5〔30てん〕

しき

こたえ（　　　　　）

② どちらが なんこ
おおいでしょうか。

しき

こたえ（　　　　　）

3

いちりんしゃが 7だい あります。
5人の 子どもが 1だいずつ
のると なんだい のこりますか。

〔 5・しき10・こたえ5〔25てん〕〕

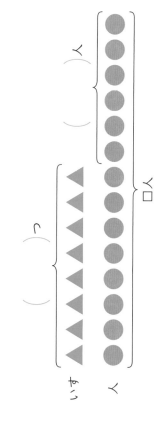

いちりんしゃ ●●●●●●● }□だい
子ども ▲▲▲▲▲ }人

しき

こたえ（　　　　　）

4

しゃしんを とります。
8つの いすに 1人ずつ すわり、
うしろに 6人 たちます。なん人で
しゃしんを とりますか。

〔 5・しき10・こたえ5〔25てん〕〕

いす ▲▲▲▲▲▲▲▲ }つ
　　 ●●●●●●●●●●●●●● }□人

しき

こたえ（　　　　　）

なまえ

じかん 30ぷん

べんきょうした日　月　日

どくてん /100てん

ごうかくてん /100てん

● いろいろな 文章題に チャレンジしよう！

ごうかく 16ページ

1 赤い 花が ９本 あります。
きいろい 花は 赤い 花より
５本 おおいそうです。きいろい
花は なん本ですか。

しき 10・こたえ 5〔15てん〕

しき

赤い 花 ●●●●●●●●●
きいろい 花 ○○○○○○○○○○○○○○

こたえ（　　　）

2 ケーキが 12こ あります。
９人に 1こずつ くばると
なんこ のこりますか。

しき 10・こたえ 5〔15てん〕

しき

こたえ（　　　）

3 たまごが かごに ４こ、はこに
６こ ありました。ケーキを
つくるのに、5こ つかいました。
たまごは なんこ なりましたか。

しき 10・こたえ 5〔15てん〕

しき

こたえ（　　　）

4 カードが ８まい ありました。
シールは カードより ２まい
すくなかったそうです。
シールは なんまい ありますか。

しき 10・こたえ 10〔20てん〕

しき

こたえ（　　　）

5 りんごが ６こ あります。
3人で おなじ かずずつ わけると、
1人 なんこずつ ありますか。

こたえ 5・しき 10〔15てん〕

しき

こたえ（　　　）

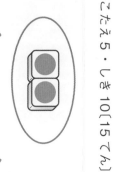

しきに かいて たしかめましょう。

6 サンドイッチを 5こ かいます。
おにぎりは サンドイッチより 2こ
おおく かおうと おもいます。
おにぎりは なんこ かえば
よいでしょうか。

しき 10・こたえ 10〔20てん〕

2＋□＋□＝6

しき

こたえ（　　　）

こたえとてびき

「こたえとてびき」は、とりはずすことができます。

大日本図書版

さんすう **1** ねん

つかいかた

まちがえた問題は、もういちどよく読んで、なぜまちがえたのかを考えましょう。正しい答えを知るだけでなく、なぜそうなるかを考えることが大切です。

なかよし

2ページ きほんのワーク

① おおい ほうに ○を つけよう。

3ページ まとめのテスト

1 🐰 の かず ➡ ●●●●●
🐰 の かず ➡ ●●●○○

2 ① ② ③ ④

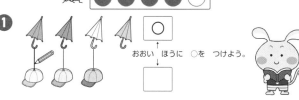

てびき 仲間に分け、仲間の数を比べます。「熊さんとケーキでは、ケーキのほうが多いから、熊さんはみんなケーキが食べられるね」などと確認していくと、勉強の意欲がわくようです。

---

① 10までの かず

4・5ページ きほんのワーク

きほん1
① えんぴつ ●○○○○ いち 1 1 1
② ●●○○○ に 2 2 2
③ ●●●○○ さん 3 3 3
④ ●●●●○ し(よん) 4 4 4
⑤ ●●●●● ご 5 5 5

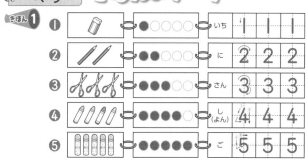

① ●●●● ●●● ● ●●●●● ●●
1 3 4 5 2

てびき 1から5までの数字の数え方、書き方をしっかりおさえましょう。楽しみながら、読んだり、数えたり、書いたりしてください。

きほん2
① ●●●●● ●○○○○ ろく 6 6 6
② ●●●●● ●●○○○ しち(なな) 7 7 7
③ ●●●●● ●●●○○ はち 8 8 8
④ ●●●●● ●●●●○ く(きゅう) 9 9 9
⑤ ●●●●● ●●●●● じゅう 10 10 10

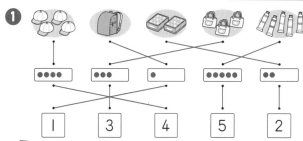

てびき 7、8、9、10は書き順を間違えやすいので、まずはしっかりなぞりましょう。

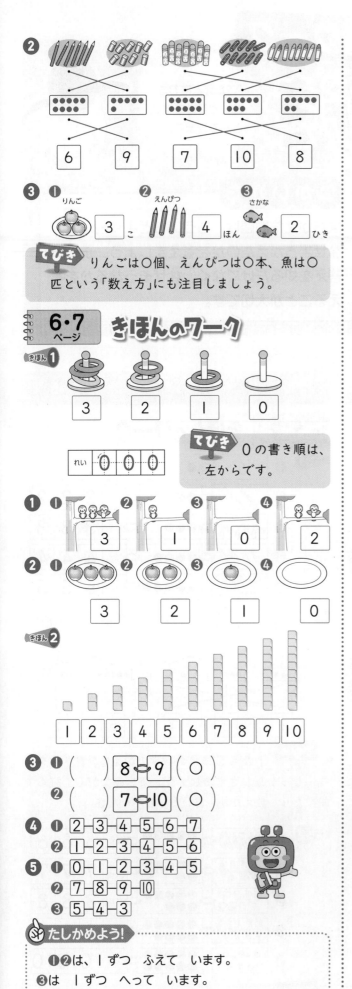

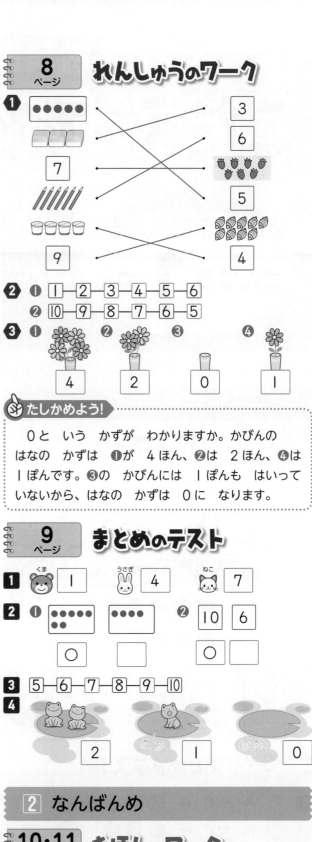

❷

6	9	7	10	8

❸

① りんご [3] こ ② えんぴつ [4] ほん ③ さかな [2] ひき

てびき りんごは○個、えんぴつは○本、魚は○匹という「数え方」にも注目しましょう。

6・7ページ きほんのワーク

きほん1

3	2	1	0

れい	0	0	0

てびき 0の書き順は、左からです。

❶ ① [3] ② [1] ③ [0] ④ [2]

❷ ① [3] ② [2] ③ [1] ④ [0]

きほん2

1	2	3	4	5	6	7	8	9	10

❸ ① ( ) 8 9 (○)
② ( ) 7 10 (○)

❹ ① 2-3-4-5-6-7
② 1-2-3-4-5-6

❺ ① 0-1-2-3-4-5
② 7-8-9-10
③ 5-4-3

たしかめよう!
①②は、1ずつ ふえて います。
③は 1ずつ へって います。

8ページ れんしゅうのワーク

❶
[7]
[9]
→ 3
→ 6
→ 🍓 (5)
→ 5
→ 4

❷ ① 1-2-3-4-5-6
② 10-9-8-7-6-5

❸ ① [4] ② [2] ③ [0] ④ [1]

たしかめよう!
　0と いう かずが わかりますか。かびんの はなの かずは ❶が 4ほん、❷は 2ほん、❹は 1ぽんです。❸の かびんには 1ぽんも はいって いないから、はなの かずは 0に なります。

9ページ まとめのテスト

1 くま [1] うさぎ [4] ねこ [7]

2 ① ●●●●● [○] ●●●● [ ] ② 10 [○] 6 [ ]

3 5-6-7-8-9-10

4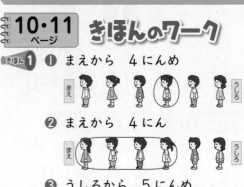
[2] [1] [0]

② なんばんめ

10・11ページ きほんのワーク

きほん1 ① まえから 4にんめ

② まえから 4にん

③ うしろから 5にんめ

2

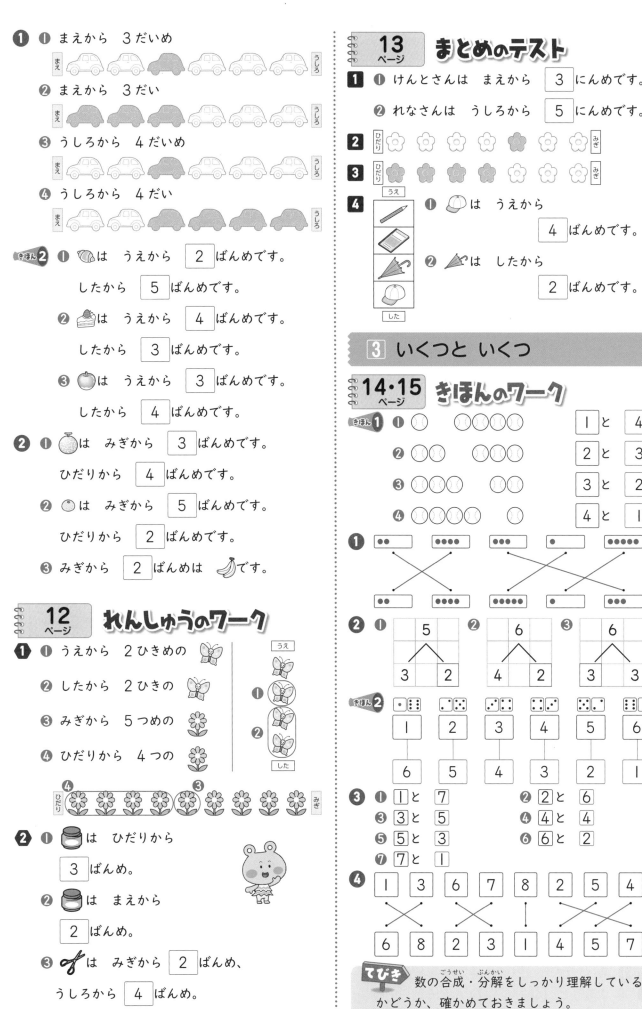

❶

❶ まえから　３だいめ

❷ まえから　３だい

❸ うしろから　４だいめ

❹ うしろから　４だい

きほん2

❶ 🥐は　うえから　2　ばんめです。

したから　5　ばんめです。

❷ 🍰は　うえから　4　ばんめです。

したから　3　ばんめです。

❸ 🍎は　うえから　3　ばんめです。

したから　4　ばんめです。

❷

❶ ⏱は　みぎから　3　ばんめです。

ひだりから　4　ばんめです。

❷ 🍊は　みぎから　5　ばんめです。

ひだりから　2　ばんめです。

❸ みぎから　2　ばんめは　🍌です。

12ページ れんしゅうのワーク

❶

❶ うえから　２ひきめの　🦋

❷ したから　２ひきの　🦋

❸ みぎから　５つめの　🌼

❹ ひだりから　４つの　🌼

❷

❶ 🫙は　ひだりから

3　ばんめ。

❷ 🫙は　まえから

2　ばんめ。

❸ ✂は　みぎから　2　ばんめ、

うしろから　4　ばんめ。

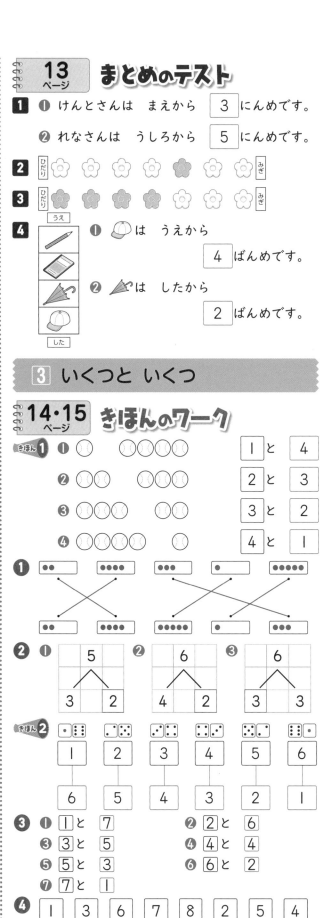

13ページ まとめのテスト

1

❶ けんとさんは　まえから　3　にんめです。

❷ れなさんは　うしろから　5　にんめです。

2 ひだり 🌸🌸🌸🌸🌸🌸🌸 みぎ

3 ひだり 🌸🌸🌸🌸🌸🌸🌸 みぎ

4

❶ 🧢は　うえから

4　ばんめです。

❷ ☂は　したから

2　ばんめです。

3 いくつと いくつ

14・15ページ きほんのワーク

きほん1

❶ ◯　◯◯◯◯　　1 と 4

❷ ◯◯　◯◯◯　　2 と 3

❸ ◯◯◯　◯◯　　3 と 2

❹ ◯◯◯◯　◯　　4 と 1

❶

❷

| 5 | | 6 | | 6 |
| 3 | 2 | 4 | 2 | 3 | 3 |

きほん2

| 1 | 2 | 3 | 4 | 5 | 6 |
| 6 | 5 | 4 | 3 | 2 | 1 |

❸

❶ 1 と 7　　**❷** 2 と 6

❸ 3 と 5　　**❹** 4 と 4

❺ 5 と 3　　**❻** 6 と 2

❼ 7 と 1

❹

| 1 | 3 | 6 | 7 | 8 | 2 | 5 | 4 |
| 6 | 8 | 2 | 3 | 1 | 4 | 5 | 7 |

てびき 数の合成・分解をしっかり理解しているかどうか、確かめておきましょう。

16 ページ きほんのワーク

きほん1 ①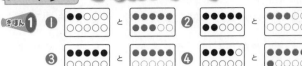

③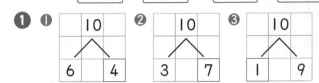

① ① 10 ∧ 6 4　② 10 ∧ 3 7　③ 10 ∧ 1 9

④ 1と 9　⑤ 5と 5　⑥ 8と 2

② ① 2 こ

② 7 こ

③ 6 こ

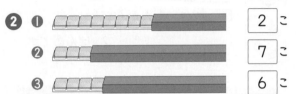

17 ページ まとめのテスト

1 ① 7は 2と 5　② 8は 3と 5
③ 6は 4と 2　④ 9は 5と 4

2
4　5　9　2　7
5　6　8　3　1

3 ① 4 りょう
② 5 りょう
③ 8 りょう

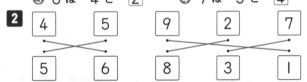

4 あわせて いくつ ふえると いくつ

18・19 ページ きほんのワーク

きほん1 ① あわせて 5 こ　② あわせて 4 ひき
① ① あわせて 4 ほん　② ぜんぶで 3 ぼん
③ あわせて 7 ひき　④ あわせて 6 わ

きほん2 しき 1+4=5　こたえ 5 こ
+=
② ① しき 4+3=7　こたえ 7 わ
② しき 4+4=8　こたえ 8 ぽん
③ ① しき 2+3=5　こたえ 5 ひき
② しき 1+3=4　こたえ 4 ひき

20・21 ページ きほんのワーク

きほん1 ① いれると 3 びき　② ふえると 4 わ
① ① もらうと 4 こ　② ふえると 7 わ
③ もらうと 6 こ　④ ふえると 8 ぴき

きほん2 しき 4+3=7　こたえ 7 だい
② ① しき 4+5=9　こたえ 9 ひき
② しき 7+3=10　こたえ 10 こ
③ ① 1+5=6　② 4+1=5
③ 4+2=6　④ 5+3=8
⑤ 1+9=10　⑥ 2+5=7
⑦ 5+5=10　⑧ 3+4=7
⑨ 7+1=8　⑩ 2+8=10

22 ページ きほんのワーク

きほん1 ① 1+2=3　② 3+0=3

①  0+2=2

② ① 2+0　② 0+0

たしかめよう！

　どんな かずに 0を たしても、もとの かずの ままです。0に どんな かずを たしても、たした かずの ままです。0に 0を たしても、0です。0を たしても、0に たしても かわりません。

23 ページ まとめのテスト

1 ① 3+4=7　② 1+8=9
③ 4+2=6　④ 6+4=10
⑤ 5+5=10　⑥ 3+6=9
⑦ 7+2=9　⑧ 2+0=2
⑨ 0+9=9　⑩ 0+0=0

2 3+3　(2+5)　4+1　(1+6)

3 しき 4+3=7　こたえ 7 こ
4 しき 6+3=9　こたえ 9 だい

5 のこりは いくつ ちがいは いくつ

24・25 ページ きほんのワーク

きほん1 ① のこりは 4 こ　② のこりは 5 ほん
① ① 3にん かえると 3 にん
② 2こ たべると 5 こ
③ 4まい つかうと 4 まい
④ 3わ とんで いくと 2 わ

きほん2 しき 5−2=3　こたえ 3 だい
−
② しき 6−2=4　こたえ 4 ひき
③ しき 8−5=3　こたえ 3 こ

26・27ページ きほんのワーク

きほん1
1まい だすと 4−1=3
2まい だすと 4−2=2
4まい だすと 4−4=0
1まいも だせないと 4−0=4

※ たしかめよう!
1まいも だせないと、てもちの かずは 4まい の ままです。「1まいも だせない」のは、いいかえ ると、「0まい だす」と いう ことです。
4まいから 0まい だしても、4まいの ままです。

❶ ❶ 1こ たべると 3−1=2
❷ 3こ たべると 3−3=0
❸ 1こも たべないと 3−0=3

❷ ❶ 7−0=7
❷ 6−6=0
❸ 0−0=0

てびき a−a=0、a−0=a、0−0=0 です。

きほん2 しき 7−3=4　　こたえ 4ひき
❸ しき 6−4=2
　　こたえ りんご が 2こ おおい。
❹ しき 9−7=2　　こたえ 2ほん

28ページ きほんのワーク

きほん1 ❶ こどもが 7にんで あそんで いました。
3にん かえると、4にんに なりました。
❷ しき 7−3=4

❶ しき 5+3=8　　こたえ 8こ
❷ しき 7−2=5
　　こたえ ねこが 5ひき おおい。

29ページ まとめのテスト

1 ❶ 3−1=2　　❷ 7−4=3
❸ 6−0=6　　❹ 9−7=2
❺ 4−3=1　　❻ 5−4=1
❼ 8−4=4　　❽ 9−9=0
❾ 7−6=1　　❿ 10−8=2

2 (6−2)　 9−4　 (7−3)　 10−7

3 しき 8−3=5　　こたえ 5こ
4 しき 6−4=2　　こたえ 2ひき

6 かずしらべ

30ページ きほんのワーク

きほん1

げつようび　かようび　すいようび　もくようび

❶ ❶ もく(ようび)
❷ か(ようび)
❸ げつ(ようびと)すい(ようび)

てびき 2年生で学 習する表とグラフ の学習につながる 内容です。バラバ ラなものを整理し てみると、数量を 比較しやすくなり ます。

31ページ まとめのテスト

1 ❶
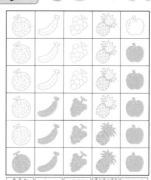
メロン　バナナ　ぶどう　パイナップル　りんご

❷ 3ぼん
❸ りんご
❹ メロン
❺ バナナ(と) ぶどう

7 10より おおきい かず

32・33ページ きほんのワーク

きほん1 略
❶ ❶ 13　　❷ 15　　❸ 17
きほん2 ❶ 12　　❷ 15
❷ ❶ 20にん　　❷ 16にん
❸ ❶ 10と 8で 18　❷ 10と 3で 13
❸ 10と 1で 11　❹ 10と 6で 16
❹ ❶ 12は 10と 2　❷ 16は 10と 6
❸ 19は 10と 9　❹ 20は 10と 10
❺ 17は 10と 7　❻ 13は 10と 3

てびき 20までの数を学びます。「10のまとま り」と、「ばらがいくつ」とに分けて考えること で、数のしくみがよくわかります。10のまと まりが2つで20になることもおさえておき ましょう。

34・35ページ きほんのワーク

きほん1 ①

| 14 | 15 | 16 | 17 | 18 | 19 | 20 |

②

| 15 | 14 | 13 | 12 | 11 | 10 | 9 |

① ① 11—12—13—14—15—16—17

② 8—10—12—14—16—18—20

③ 5—10—15—20

② ① 20　19　⑱　　② ⑪　12　13

③ 16　⑨　14　　④ 19　⑩　20

きほん2 ① 10より 3 おおきい かずは 13

② 20より 1 ちいさい かずは 19

③ ① 14　② 12　③ 16

④ ① 22　② 30

36・37ページ きほんのワーク

きほん1 ① 14は 10と 4です。

② 10に 4を たした かず
　10+4=14

③ 14から 4を ひいた かず
　14-4=10

① ① 10+7=17　　② 17-7=10

② ① 10+5=15　　② 10+9=19

③ 20+1=21　　④ 12-2=10

⑤ 19-9=10　　⑥ 23-3=20

きほん2 ① 13+2=15　② 15-2=13

③ ① 12+4=16　② 16-4=12

④ ① 15+4=19　② 14+3=17

③ 12+6=18　④ 24+5=29

⑤ 18-3=15　⑥ 17-4=13

⑦ 16-2=14　⑧ 29-3=26

38ページ れんしゅうのワーク

① ① 🪙を 2まい、🪙を 1まい、①を 2まい。

② 🪙を 2まい、①を 7まい。

③ 🪙を 5まい、①を 2まい。

② ① いちばん おおきい かずは 26の カード

② いちばん ちいさい かずは 11の カード

---

③ ① 15より 4 おおきい かずは 19

② 17より 3 ちいさい かずは 14

たしかめよう!

かずのせんで たしかめて おきましょう。

①

39ページ まとめのテスト

1 ① 14　② 12　③ 15

2 ① 24—25—26—27—28

② 15—14—13—12—11

③

| 3 | | 12 | | 18 |

3 ① 13 ⑮　　② ⑳ 14

4 ① 10+3=13　　② 14+5=19

③ 17-7=10　　④ 19-4=15

8 なんじ なんじはん

40・41ページ きほんのワーク

きほん1 あ 8じ　　　い 2じはん

①
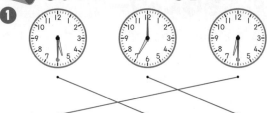

| 6じはん | 5じはん | 7じ |

② ① 3じ　② 3じはん　③ 4じ

きほん2 ①
　②

③ ①　②

③　④

④ い

42 ページ **れんしゅうのワーク**

❶ ❶ 6じ ❷ 10じはん
❸ 2じはん

❷ ❶ ❷ ❸ ❹ ❺ ❻

43 ページ **まとめのテスト**

❶ ❶ 4じはん ❷ 9じ
❸ 11じ ❹ 6じはん

❷ ❶ ❷

❸ あ

9 たしざんカード ひきざんカード

44 ページ **きほんのワーク**

きほん1
〔4〕 1+3 / 2+2 / 3+1
〔5〕 1+4 / 2+3 / 3+2 / 4+1
〔6〕 1+5 / 2+4 / 3+3 / 4+2 / 5+1

❶ 〔5〕 6-1 / 7-2 / 8-3 / 9-4 / 10-5
〔6〕 7-1 / 8-2 / 9-3 / 10-4
〔7〕 8-1 / 9-2 / 10-3

45 ページ **まとめのテスト**

❶ 3+4 6+3 1+7 5+1
4+4 5+2 3+3 4+5

❷ 9-3 6-2 10-5 8-7
8-4 7-1 2-1 9-4

❸ ❶ 3+7 ❷ 9+1 ❸ 7+3
❹ 8+2 ❺ 5+5 ❻ 4+6

❹ ❶ 7-5 ❷ 10-8 ❸ 9-7
❹ 6-4 ❺ 8-6 ❻ 5-3

10 3つの かずの けいさん

46・47 ページ **きほんのワーク**

きほん1 しき 3+2+1=6 こたえ 6わ
❶ しき 2+1+4=7 こたえ 7ひき
❷ ❶ 3+4+1=8 ❷ 4+2+1=7
❸ 9+1+2=12 ❹ 4+6+3=13

たしかめよう!

❶ 3+4の こたえの 7に、1を たして 8と かんがえます。3つの かずの けいさんも じゅんばんに けいさんすれば できるね。

きほん2 しき 7-2-1=4 こたえ 4ひき
❸ しき 8-3-2=3 こたえ 3わ
❹ ❶ 7-3-1=3 ❷ 10-3-3=4
❸ 13-3-4=6 ❹ 17-7-6=4

48・49 ページ **きほんのワーク**

きほん1 しき 4-2+3=5 こたえ 5ひき
❶ しき 5+2-3=4 こたえ 4こ
❷ ❶ 7-3+4=8 ❷ 10-4+3=9
❸ 6+2-5=3 ❹ 3+7-2=8

てびき たし算とひき算の混じった計算も、前から順に計算すればよいことを確認しましょう。理解の難しいお子さんには、算数ブロックなどの具体的な物を使ってみましょう。

きほん2 [しき] 5 ＋ 4 － 2 ＝ 7

てびき 「4羽来た」は「＋」、「2羽帰った」は
「－」で表します。5＋4の答えから2をひい
て計算します。

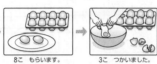
5羽いて
4羽来て
2羽帰ったか
ら…。

5＋4＝9、9－2＝7 ┐
5＋4－2＝7 ┘上と下は同じ

3 ❶ ⓘ   ❷ ⓤ

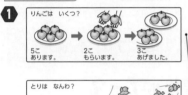
2こ あります。   8こ もらいます。   3こ つかいました。

れんしゅうのワーク

❶

りんごは いくつ?
5こ あります。 2こ もらいます。 3こ あげました。

5＋2＋3＝ 10

とり は なんわ?
5わ いました。 2わ とんで いきました。 3わ とんで きます。

5－2＋3＝ 6

5＋3＋1＝ 9

ねこは なんびき?
5ひき いました。 2ひき きます。 3ひき きます。

5＋2－3＝ 4

てびき 場面をよくつかんでから式を考えます。
・りんごは、初め5個あって、2個もらって、
そのあと3個あげているから、
5＋2－3＝4(個)残っています。
・鳥は、初め5羽いて、2羽飛んでいき、後か
ら3羽やって来たから、
5－2＋3＝6(羽)になります。
・猫は、初め5匹いて、2匹来て、また3匹来
たから、
5＋2＋3＝10(匹)になります。

❷ ❶ 4＋5＋1＝ 10
❷ 6＋4＋5＝ 15
❸ 8－2－3＝ 3
❹ 17－7－4＝ 6
❺ 6－2＋3＝ 7
❻ 9＋1－2＝ 8

てびき たし算とひき算の混じった計算は＋や
－に気をつけることが大切です。計算は必ず前
から順に行います。声に出して計算すると、間
違えにくくなります。

まとめのテスト

1 [しき] 3＋1－2＝2   こたえ 2ひき
2 [しき] 10－2－3＝5   こたえ 5こ
3 ❶ 3＋2＋4＝ 9
  ❷ 8＋2＋7＝ 17
  ❸ 9－3－2＝ 4
  ❹ 16－6－3＝ 7
  ❺ 10－7＋5＝ 8
  ❻ 1＋9－6＝ 4

⑪ ながさくらべ

きほんのワーク

きほん1 ❶ いちばん ながい もの (え)
      ❷ いちばん みじかい もの (い)

❶ ⓘ
❷ ❶ ⓘ   ❷ あ
きほん2 あ
❸ ❶ あ   ❷ ⓘ
❹ ❶ ⓘ   ❷ え

きほんのワーク

きほん1 あ
❶ ❶ あ9つぶん   ⓘ5つぶん
    ⓤ2つぶん   え3つぶん
    お8つぶん
  ❷ あ が ますの 4つぶん ながい。
❷ ⓘ が ますの 1こぶん ながい。

まとめのテスト

1 ❶ ⓤ   ❷ え
2 ❶ たて   ❷ よこ
3 ⓤ → あ → ⓘ

⑫ たしざん

きほんのワーク

きほん1 ❶ 9は あと 1 で 10

  ❷ 3の なかの 1を
    9に 1を たして 10

  ❸ 10と 2で 12

❶ ① 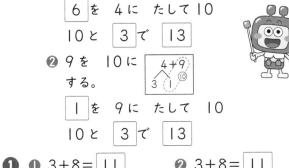 9+5=14 ・①を 9に たして 10
　　10と ④で 14
② 9+7=16 ・①を 9に たして 10
　　10と ⑥で 16

きほん2 ① 8+5=13 ・②を 8に たして 10
　　10と ③で 13
② 7+4=11 ・③を 7に たして 10
　　10と ①で 11

❷ ① 9+4=13 ② 8+6=14
③ 8+4=12 ④ 7+5=12

❸ ① 9+6=15 ② 8+3=11
③ 9+2=11 ④ 8+7=15
⑤ 8+8=16 ⑥ 7+6=13

てびき たして 10を こえる たし算の しかたを、しっかり おさえましょう。

58・59ページ きほんのワーク

きほん1 ① 4を 10に する。 [4+9 / 10 6 3]
6を 4に たして 10
10と 3で 13
② 9を 10に する。 [4+9 / 3 1]
1を 9に たして 10
10と 3で 13

❶ ① 3+8=11 (7 ①) ② 3+8=11 (1 ②)
❷ ① 2+9=11 ② 3+9=12
③ 4+8=12 ④ 5+8=13
⑤ 4+7=11 ⑥ 7+7=14

きほん2 [14] [15] [16] [17]
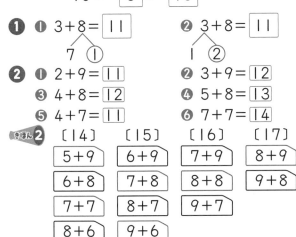

5+9 6+9 7+9 8+9
6+8 7+8 8+8 9+8
7+7 8+7 9+7
8+6 9+6
9+5

❸ ① 2+9 [11] ② 8+4 [12]
　　おもて　うら
③ 5+7 [12] ④ 9+9 [18]
❹ ① 9+[4] ② [5]+8
③ [7]+6 ④ [6]+7

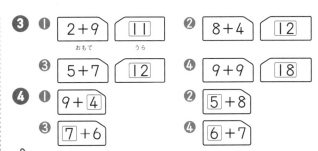

たしかめよう!
　たしざんカードを つかって、こたえが おなじに なる しきを ならべて みましょう。どんな きまりが みつかるかな。おうちの ひとに おしえよう。

60ページ れんしゅうのワーク
❶ 8+5 ── 9+5=14
3+9 ── 7+4=11
7+7 ── 6+6=12
5+6 ── 8+7=15
9+6 ── 5+8=13

❷ ① 9は あと 1で [10]
② 7の なかの [1]を 9に たして [10]
③ 10と 6で [16]

61ページ まとめのテスト
❶ ① 2+9=11 ② 7+8=15
③ 5+6=11 ④ 8+3=11
⑤ 6+9=15 ⑥ 3+8=11
⑦ 9+5=14 ⑧ 5+8=13
⑨ 4+7=11 ⑩ 8+9=17
⑪ 9+4=13 ⑫ 7+6=13
❷ しき 4+8=12　　　こたえ（12 とう）
❸ しき 7+4=11　　　こたえ（11 ぴき）

13 ひろさくらべ

62ページ きほんのワーク
きほん1 ひろいのは→ⓘ
❶ ⓐ
❷ ① あか ② あお

てびき ①赤は 8ます分、青は 7ます分ですから、赤が広いです。ます目いくつ分で考える方法を身につけましょう。

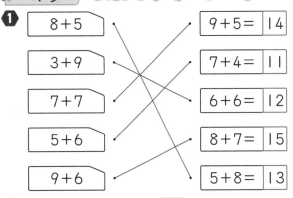

9

63ページ まとめのテスト

1 ❶ あ　　　❷ い

2 あ

> **てびき** 絵が何枚あるかで比べます。あは 9 枚、いは 8 枚あります。

3 （あおが □の 1こぶん ひろい。）

> **たしかめよう！**
> あかが □の 17こぶん、あおが □の 18こぶん だから、あおが □の 1こぶん ひろいです。

⑭ ひきざん

64・65ページ きほんのワーク

きほん1 ❶ 14 は 10と **4**

❷ 10から 9を ひいて **1**

❸ 1と 4で **5**

14−9＝ **5**
　⑩ ④

❶ ❶ 12−9＝ **3**　・12は 10と ②
　⑩ ②

・10から 9を ひいて ①

・1と ②で 3

❷ 15−9＝ **6**　・15は 10と ⑤
　⑩ ⑤

・10から 9を ひいて ①

・1と ⑤で 6

きほん2 13−8＝5　・13は 10と **3**
　⑩ ③

・10から 8を ひいて **2**

・2と 3で **5**

❷ ❶ 13−9＝ **4**　　❷ 12−8＝ **4**
　⑩ ③　　　　　　　⑩ ②

❸ 14−8＝ **6**　　❹ 11−7＝ **4**
　⑩ ④　　　　　　　⑩ ①

❸ ❶ 16−9＝**7**　　❷ 11−8＝**3**

❸ 12−7＝**5**　　❹ 17−8＝**9**

❺ 11−9＝**2**　　❻ 15−8＝**7**

66・67ページ きほんのワーク

きほん1 ❶ 11を 10と 1に わける。

10から **3** をひいて 7

7と **1** で **8**

❷ 3を 1と 2に わける。

11 から 1を ひいて 10

10 から 2を ひいて 8

❶ ❶ 13−5＝ **8**　　❷ 13−5＝ **8**
　10 ③　　　　　　　　　3 ②

❷ ❶ 12−3＝**9**　　❷ 11−4＝**7**

❸ 12−4＝**8**　　❹ 16−7＝**9**

❺ 14−6＝**8**　　❻ 15−7＝**8**

きほん2

〔3〕　　〔4〕　　〔5〕　　〔6〕

11−8	11−7	11−6	11−5
12−9	12−8	12−7	12−6
13−9	13−8	13−7
	14−9	14−8
		15−9

❸ ❶ 13−5 → **8**　　❷ 11−4 → **7**
　　おもて　うら

❸ 15−6 → **9**　　❹ 17−9 → **8**

❹ ❶ 12−**5**　　❷ 14−**7**

❸ **15**−8　　❹ **13**−6

68ページ れんしゅうのワーク

❶
12−9 ——— 13−9＝ **4**
14−7 ——— 11−8＝ **3**
12−3 ——— 17−9＝ **8**
13−5 ——— 12−5＝ **7**
11−7 ——— 18−9＝ **9**

❷ ❶ 13は **10**と 3

❷ 10から **6**を ひいて **4**

❸ 4と 3で **7**

69ページ まとめのテスト

1
① 11−4=7　　② 12−6=6
③ 13−7=6　　④ 11−6=5
⑤ 17−8=9　　⑥ 14−5=9
⑦ 12−8=4　　⑧ 15−7=8
⑨ 15−6=9　　⑩ 13−6=7
⑪ 18−9=9　　⑫ 14−8=6

2 しき　12−4=8　　　こたえ（8ぽん）

3 しき　16−8=8
　　　こたえ（あかい　いろがみが　8まい　おおい。）

15 かさくらべ

70ページ きほんのワーク

きほん1 ① あに ○　　② えに ○

① か

② さは 5はい　　しは 9はい
▶しの　ほうが、カップ 4はいぶん
おおく　はいる。

71ページ まとめのテスト

1 い→う→あ

てびき　同じ大きさの入れ物で、水の高さが違うので、高さの高い物のほうが水が多く入っていることがわかります。

2 ① ●すいとう 5はい
●なべ 7はい
●ポット 9はい
② ポット
③ なべ

16 いろいろな かたち

72・73ページ きほんのワーク

きほん1

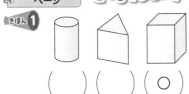

（　）（　）（○）

①

（□）（○）（○）（○）（□）

（□）（□）（○）（□）（○）

きほん2

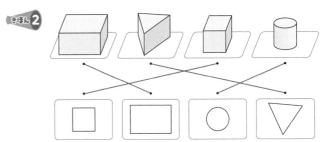

② あ、う
③ あ、い、え

74ページ れんしゅうのワーク

① あ い う え お

② あ い う え お

③ あ い う△ え

75ページ まとめのテスト

1
□の　なかま	〇の　なかま	○の　なかま
あ、え、き	い、う、く	お、か、け

2 ① ○う　② □あ　③ □ い

3 あ い△ う え

（ い、え ）

👆たしかめよう！

おうちでも　はこの　かたちや　つつの　かたちをさがしてみましょう。どんな　ところが　おなじで、どんな　ところが　ちがうか　しらべましょう。

17 大きな かず

76・77ページ きほんのワーク

きほん1 10が 4こで 40
40と 3で よんじゅうさんです。
4 3

① ① 4 5　　② 6 0
② ① 65　　② 53

きほん2 ① 58　　② 73

❸ ❶ 85の 十のくらいの すうじは 8で、
一のくらいの すうじは 5です。
❷ 70の 十のくらいの すうじは 7で、
一のくらいの すうじは 0です。
❸ 10を 6こ あつめた かずは 60です。
❹ 10を 8こと、1を 9こ あわせた
かずは 89です。
❹ ❶ 90は 10を 9こ あつめた かずです。
❷ 64は 10を 6こと、1を 4こ
あわせた かずです。

78・79 ページ **きほんのワーク**

きほん1 100
99より 1 大きい かずを 100と かいて
百と よみます。
100は 10を 10こ あつめた かずです。
❶ ❶ 100まい ❷ 100本 ❸ 100円
❷

| 80 | 81 | 82 | 83 | 84 | 85 | 86 | 87 | 88 | 89 |
| 90 | 91 | 92 | 93 | 94 | 95 | 96 | 97 | 98 | 99 |
| 100 |

きほん2 ❶ 100と 4で 104
❷ 100と 20で 120
❸ 113まい
❹ ❶ 97—98—99—100—101—102
❷ 107—108—109—110—111—112
❺ ❶ 60 71 ❷ 102 98 ❸ 120 112
( )(○) (○)( ) (○)( )

80・81 ページ **きほんのワーク**

きほん1 ❶ 30+40=70 ❷ 70-20=50
❶ ❶ 30+20=50 ❷ 20+60=80
❸ 10+30=40 ❹ 40+60=100
❺ 70+30=100 ❻ 20+80=100
❷ ❶ 40-10=30 ❷ 80-30=50
❸ 70-30=40 ❹ 90-60=30
❺ 100-40=60 ❻ 100-50=50
❼ 100-70=30 ❽ 100-10=90
きほん2 ❶ 40+5=45 ❷ 45-5=40
❸ ❶ 30+4=34 ❷ 7+60=67
❸ 45+3=48 ❹ 6+42=48
❹ ❶ 46-6=40 ❷ 74-4=70
❸ 65-3=62 ❹ 57-2=55
❺ ❶ 68は 10を 6こと、1を 8こ
あわせた かずです。
❷ 68は 60と 8を あわせた かずです。

❸ 68は 67の つぎの かずです。
❹ 68は 70より 2 小さい かずです。

82 ページ **れんしゅうのワーク**

❶ ❶
71 72 **73** 74 **75 76** 77 78
❷
30 40 **50** 60 **70** 80 90 **100**
❸ 63より 4 大きい かず 67
❹ 95より 2 小さい かず 93
❺ 58より 5 大きい かず 63
❷ 100→91→74→54→37
❸ しき 40+30=70 こたえ(70円)

83 ページ **まとめのテスト**

❶ ❶ 54 ❷ 112
❷ ❶ 10を 4こと、1を 9こ あわせた
かずは 49です。
❷ 80は 10を 8こ あつめた かずです。
❸ 十のくらいが 9、一のくらいが 7の
かずは 97
❹
100 **106** 110 **116** 120
❸ ❶ 70+10=80 ❷ 40+60=100
❸ 60-30=30 ❹ 100-20=80
❺ 40+5=45 ❻ 54-4=50
❼ 67-4=63 ❽ 78-3=75

18 なんじなんぷん

84・85 ページ **きほんのワーク**

きほん1 7じ15ふん
❶ ❶ 3じ40ぷん ❷ 9じ10ぷん
❸ 12じ25ふん ❹ 5じ45ふん
きほん2

7じ58ぷん ➡ 7じ59ふん ➡ 8じ ➡ 8じ1ぷん

❷

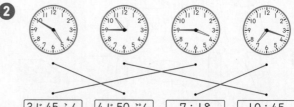
3じ45ふん 4じ50ふん 7:18 10:45
❸ ❶ 11じ25ふん ❷ 5じ57ふん

86 ページ **れんしゅうのワーク**

❶ ❶ 10じ21ぷん ❷ 7じ9ふん

❸ 2 じ 35 ふん
❷ ❶ 1 じ 45 ふん　❷ 9 じ 20 ぷん　❸ 6 じ 3 ぷん

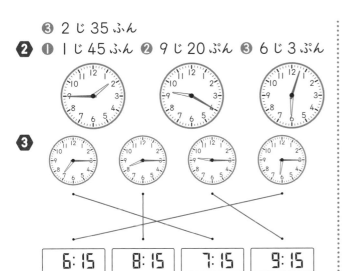

❸

| 6:15 | 8:15 | 7:15 | 9:15 |

87
ページ

まとめのテスト

1

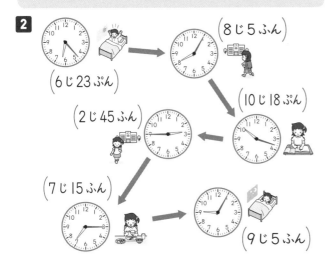

$$(8じ58ぷん)(8じ59ふん)(　9じ　)(9じ1ぷん)$$

てびき 時間の読み方がきちんとできるように
なっていますか。「何時何分」の時計を読めるよ
うになることは、2年生で学習する「時こくと
時間」にもつながるので、ここできちんとおさ
えておきましょう。

2

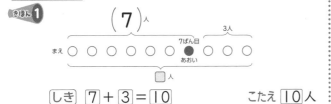

(6じ23ぷん) → (8じ5ふん)
↓ (10じ18ぷん)
(2じ45ふん) ←
(7じ15ふん) ↓
→ (9じ5ふん)

19 ずを つかって かんがえよう

88・89
ページ

きほんのワーク

きほん1

$(7)_人$

まえ ○○○○○○● ○○○
7ばん目 あおい　　3人

□人

しき $7 + 3 = 10$　　こたえ 10 人

1

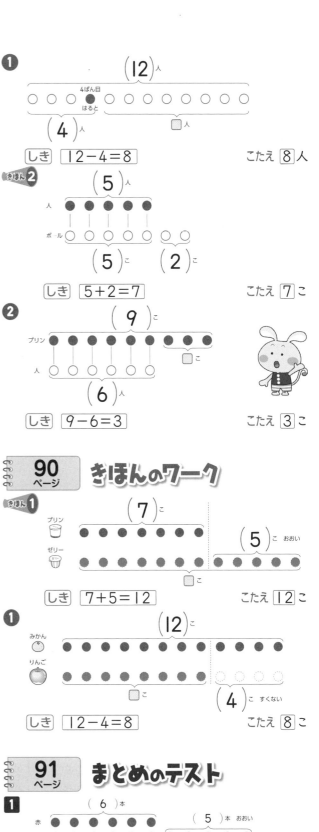

$(12)_人$

4ばん目
はると
$(4)_人$　　□人

しき $12 - 4 = 8$　　こたえ 8 人

きほん2

$(5)_人$
人
ボール
$(5)_こ$　　$(2)_こ$

しき $5 + 2 = 7$　　こたえ 7 こ

2

$(9)_こ$
プリン
人　□こ
$(6)_人$

しき $9 - 6 = 3$　　こたえ 3 こ

90
ページ

きほんのワーク

きほん1

プリン　$(7)_こ$
ゼリー　$(5)_こ$ おおい
□こ

しき $7 + 5 = 12$　　こたえ 12 こ

1

みかん　$(12)_こ$
りんご
□こ　　$(4)_こ$ すくない

しき $12 - 4 = 8$　　こたえ 8 こ

91
ページ

まとめのテスト

1

赤　$(6)_本$
きいろ　　$(5)_本$ おおい

しき $6 + 5 = 11$　　こたえ 11 本

2

人　$(5)_人$
けんばん
ハーモニカ
$(5)_こ$　　$(4)_こ$

しき $5 + 4 = 9$　　こたえ 9 こ

3

$(7)_人$　　$(7)_人$
まえ ○○○○○○● ○○○○○○○

しき $7 + 1 + 7 = 15$　　こたえ 15 人

⑳ かたちづくり

92ページ きほんのワーク

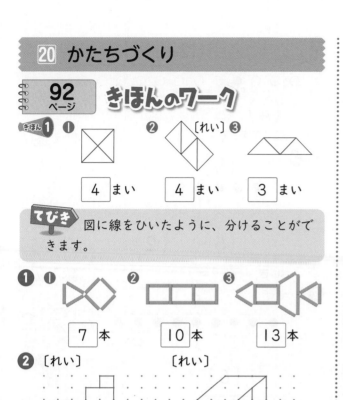

きほん① ①❶ ❷〔れい〕 ❸

❶ 4 まい　❷ 4 まい　❸ 3 まい

> **てびき** 図に線をひいたように、分けることができます。

①❶　　　❷　　　❸

❶ 7 本　❷ 10 本　❸ 13 本

② 〔れい〕　　　〔れい〕

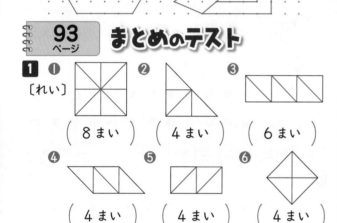

93ページ まとめのテスト

1 ❶〔れい〕　❷　　❸

（ 8 まい ）　（ 4 まい ）　（ 6 まい ）

❹　　❺　　❻

（ 4 まい ）　（ 4 まい ）　（ 4 まい ）

2 〔れい〕

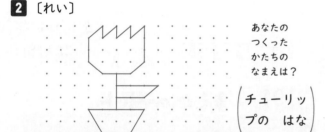

あなたの
つくった
かたちの
なまえは？

（ チューリッ
プの　はな ）

1年の ふくしゅう

94ページ まとめのテスト❶

1 ❶ 83
❷ 6、7
❸ 10

2 ❶ 7+3+8＝18　❷ 15−5−3＝7
❸ 9−3＝6　❹ 5+7＝12
❺ 11−4＝7　❻ 13−6＝7
❼ 50+30＝80　❽ 70+8＝78
❾ 63+6＝69　❿ 90−20＝70
⓫ 100−40＝60　⓬ 88−3＝85

> **てびき** 1年生で学んだ、たし算、ひき算、3つ
> の数の計算、大きい数、大きい数の計算が確実
> にできているかどうかを確認してください。
> 　特に、くり上がり、くり下がりは間違えずに
> 計算できるようにしておきましょう。つまずき
> が見られる場合には、10の合成・分解からも
> う一度やり直しておきましょう。

3 しき 8+5＝13　こたえ 13こ

95ページ まとめのテスト❷

1 ❶ しき 13+6＝19　こたえ 19まい
❷ しき 13−6＝7　こたえ 7まい

2 ❶（ 3 ）まい　❷（ 2 ）まい　❸（ 8 ）まい

> **てびき** 線をひいて、分けて考えましょう。
> ❶　　❷　　（図は例です）
> ❸

3 ❶　　❷　　❸

（ 8じ18ぷん ）　（ 2じ44ふん ）　（ 7じ5ふん ）

4 い

> **てびき** 線と線の間がいくつ分あるかを数えてい
> きます。あ→6つ分　い→8つ分

● プログラミングにちょうせん！

96ページ まなびのワーク

きほん① ❶ イ
❷ カ 3　　キ 1

> **てびき** 小学校では「プログラミング的思考」を身
> につけることや、生活にコンピュータの仕組み
> が利用されていることを学びます。
> 　プログラミング的思考とは、自分が意図する
> 動きをコンピュータにさせるには、どんな命令
> をどんな順序で行えばよいのかを論理的に考え
> ることです。
> 　本書でも、1年生の段階からプログラミング
> 的思考に触れることで、論理的思考力を身につ
> けることをねらっています。

夏休みのテスト①

1 4　 6

2 ❶
| 1 | 2 | 3 | 4 | 5 | 6 |

❷
| 10 | 9 | 8 | 7 | 6 | 5 |

3 ❶ 　　❷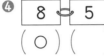
（○）（　）　　　（　）（○）

❸ | 6 | 7 |　❹ | 8 | 5 |
（　）（○）　　　（○）（　）

4 ❶
まえ　　　　　　　　　　　うしろ

❷
まえ　　　　　　　　　　　うしろ

5 ❶ 7 は 2 と 5
❷ 6 は 2 と 4
❸ 2 と 6 で 8
❹ 3 と 7 で 10
❺ 9 は 3 と 6
❻ 10 は 4 と 6
❼ 4 と 5 で 9
❽ 3 と 5 で 8

てびき 10までの数の合成・分解は、たし算・ひき算のもととなる大切な考え方です。つまずきが見られたら、確実にできるように、声に出して練習しておきましょう。

夏休みのテスト②

1 ❶ 7 ❷ 9 ❸ 7 ❹ 10 ❺ 10 ❻ 8
2 ❶ 4 ❷ 7 ❸ 1 ❹ 7 ❺ 0 ❻ 6
3 ❶ メロン ❷ 2こ ❸ 4ほん ❹ 4こ

てびき ❹ メロンは5個、りんごは1個だから、違いは4個になります。整理したもので、色を塗った数の違いが4であることからもわかります。

4 しき 3＋5＝8　　　こたえ 8ぽん
5 しき 8－6＝2　　　こたえ 2まい

冬休みのテスト①

1 ❶  16　❷  14

てびき 10のまとまりを線で囲んで、10のまとまりを意識して数えましょう。

2 ❶ 4じ　❷ 10じはん
3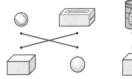

4 （○）
（　）

5 ❶ （　）（○）　❷ （○）（　）

6 ❶
| 10 | 11 | 12 | 13 | 14 | 15 |
❷
| 10 | 12 | 14 | 16 | 18 | 20 |

7 ❶ 15 ❷ 13 ❸ 18 ❹ 10

冬休みのテスト②

1 ❶ 16 ❷ 17 ❸ 15 ❹ 11 ❺ 12 ❻ 12
2 ❶ 10 ❷ 16 ❸ 8 ❹ 4 ❺ 8 ❻ 8

てびき くり上がり、くり下がりのある計算は、1年生でもっとも間違いが多い分野です。間違えた問題は、きちんとやり直しておきましょう。

3 ❶ 8 ❷ 5 ❸ 7 ❹ 5
4 しき 8＋4＝12　　　こたえ 12ひき

てびき 初めに8匹いて、後から4匹もらったので、たし算になります。

5 しき 15－7＝8　　　こたえ 8まい

てびき 弟にあげて、残りを求めるので、ひき算になります。

学年末のテスト①

1 ① 36　② 17

てびき ① 10個入りの箱が3箱と、ばらが6個で36個です。
② プリン2個で1パックが8パックと、ばらが1個で17個です。2、4、6、…と数えます。

2 ①

92	93	94	95	96	97

②

60	70	80	90	100	110

3 ① 7じ25ふん　② 2じ57ふん

4 ① 12まい　② 9まい

たしかめよう！

せんで くぎって かんがえましょう。〔れい〕

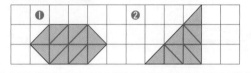

5 ① 74　② 46
③ 6　④ 100
⑤ 60　⑥ 91

学年末のテスト②

1 ① 4+2=6　② 8+7=15
③ 17-8=9　④ 13-7=6
⑤ 9+6=15　⑥ 20+5=25
⑦ 0+0=0　⑧ 11-8=3
⑨ 13+3=16　⑩ 30+60=90
⑪ 17-5=12　⑫ 68-8=60
⑬ 7-7=0　⑭ 5+6=11
⑮ 12-9=3　⑯ 90-60=30
⑰ 4+2+4=10　⑱ 10-2-5=3
⑲ 16-6+3=13　⑳ 12+5-4=13

てびき 1年生で学ぶたし算、ひき算をまとめています。くり上がり、くり下がりの意味を理解しているかどうかをチェックしてください。

2 ① しき 12+7=19　こたえ 19人
② しき 12-7=5
こたえ 子どもが 5人 おおい。

3 しき 14-6=8　こたえ 8こ

4 しき 30+40=70　こたえ 70まい

てびき 問題を正しく読み、式をつくることができるかどうかを見る問題です。

まるごと 文章題テスト①

1 まえ

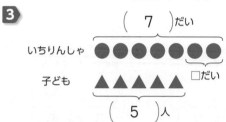

しき 3+1+6=10　こたえ 10人

2 ① しき 14+5=19　こたえ 19こ
② しき 14-5=9
こたえ ケーキが 9こ おおい。

3

しき 7-5=2　こたえ 2だい

4

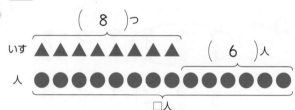

しき 8+6=14　こたえ 14人

まるごと 文章題テスト②

1 しき 9+5=14　こたえ 14本

2 しき 12-9=3　こたえ 3こ

3 しき 4+6-5=5　こたえ 5こ

4 しき 8-2=6　こたえ 6まい

5

こたえ 2こ

しき 2+ 2 + 2 =6

てびき 2年生のかけ算、3年生のわり算につながる内容です。6÷3や2×3を計算するのではなく、図で表して答えを考えることをねらっています。

6 しき 5+2=7　こたえ 7こ

てびき 5-2=3と答える間違いが見られます。文章を正しく読みとり、おにぎりは5個のサンドイッチより2個多いので、ひき算ではなくたし算になります。